U0140480

一口天文
人类观星简史

温涛　张钰昆　唐弘铭 ✦ 著

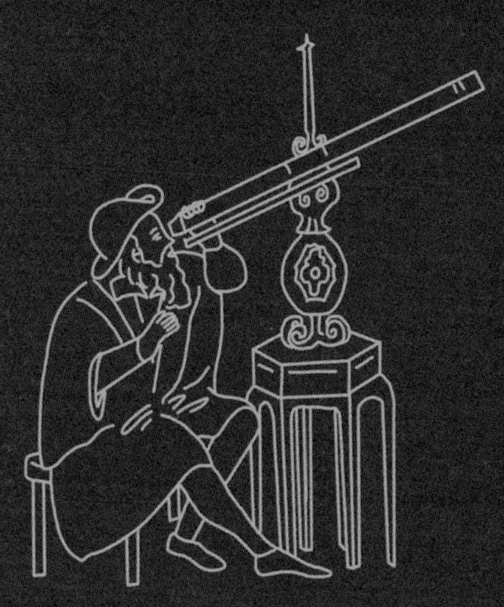

重庆出版集团　重庆出版社

图书在版编目(CIP)数据

一口天文：人类观星简史 / 温涛，张钰昆，唐弘铭著．—重庆：重庆出版社，2022.11

ISBN 978-7-229-17124-7

Ⅰ．①一…　Ⅱ．①温…　②张…　③唐…　Ⅲ．①天文学史—世界—普及读物　Ⅳ．①P1-091

中国版本图书馆CIP数据核字(2022)第167731号

一口天文·人类观星简史

YIKOU TIANWEN · RENLEI GUANXING JIANSHI

温　涛　张钰昆　唐弘铭　著

责任编辑：赵仲夏

责任校对：李春燕

装帧设计：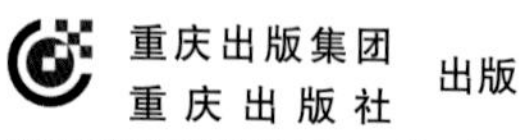

重庆出版集团
重庆出版社　出版

重庆市南岸区南滨路162号1幢　邮政编码：400061　http://www.cqph.com

重庆三达广告印务装璜有限公司印刷

重庆出版集团图书发行有限公司发行

全国新华书店经销

开本：787mm×1092mm　1/16　印张：12.5　字数：200千

2022年11月第1版　2022年11月第1次印刷

ISBN 978-7-229-17124-7

定价：78.00元

如有印装质量问题，请向本集团图书发行有限公司调换：023-61520678

preface

唯独属于你的星空

The Universe is Yours

在天文学悠长的岁月里，铭刻着许多故事。在这些故事的伊始，我们能看到在文明中起舞的魔法与奇迹，也能看到在史诗中涌起的神明与英雄。这些故事在数千年前就已经流淌在人类文明的血脉之中。我们可以毫不惊讶地发现，今天生活中的许多方面自远古时代起就已经受到天文学非常深刻的影响。

每当日暮时分，我们的祖先就已经开始探寻星空。在没有光污染的原始时代，人们每天能够看到的天体数量甚至比我们大多数人一辈子能看到的还要多。自从人类掌握语言开始，人们就在讨论浩瀚的星空背后到底隐藏着什么信息。他们指向天空中的星座，讲述着一个又一个关于英雄、猎人、公主和龙的神话故事。我们现在熟知的一些星座，可能是流传至今的最古老的人类文明痕迹。

随着组织有序的文明社会开始出现，星空的重要性进一步凸显，对于世界上最早的祭司、国王、皇帝等国家统治者而言尤其如此。固定不动的恒星，四处漫游的行星，以及偶发的各种天象（如彗星，流星，日月食等）都被视为神的信使，从神处传来旨意，预示着某些事情的发生。如今在世界各地仍然流行的一些传统，就与太阳或月亮在天空中的特定位置有关，从圣诞节到中国的农历新年都是如此。这种利用星空预测未来的思想，最终使得世界上的不同文化发展出了各式各样的占星术。许多文明感慨于星空之浩瀚，投入了大量社会资源建造包含天文元素的宏伟建筑，也发明了一些令人印象深刻的方法来预测天体运动。

随着时间流逝，人类将群星运行的规律运用到诸如加强宗教权威、发展经济、提升导航技术等更多领域。应用于宗教和农业领域的计时方法就是从星空的变化规律中发展而来的，当中仍有许多内容流传至今，比如秒、小时、天、周、月、年等时间计量单位。数学最早始于计数，随后发展出了更为复杂的方法，使得我们能够准确预报日食。人们还制作了精确的星图用于地面和航海导航。

现代科学的开端肇始于天文学。哥白尼、伽利略、开普勒和牛顿等人借助天文观测开启了物理世界的革命，我们从周围的世界获取知识的方式从此发生了巨变。一批学科得以使用科学方法开展研究：占星术演变成天文学；炼金术演变为化学。封建迷信的思想被理性的科学思维所取代。

在世界各地人类社会的发展进程中，夜晚的星空都扮演着至关重要的角色。如果想要知道在看不到星空的情况下我们的科学与文化会如何发展，恐怕只能做一个思想实验，去假设我们居住在一个被浓厚云层包裹的，永远看不见夜空的星球上——因为我们无法在地球上找到实例。

以上所提到的许多文化和科学上的进步，都是观测星空变化得来的结果。但需要指明的是，我们的祖先在五万年前看到的星空和我们现在所能看到的星空可以说是几乎（但不完全）相同。漫漫人生路中，世界风云变幻，故土日新月异，家庭会增添新的成员，身体会留下岁月痕迹，人生阅历随年岁渐丰，万事万物都在变化，唯独头顶的星空亘古不变。去欣赏它吧！从现在开始，有空就抬头仰望夜空，你一定会有意外的收获。

这本书能让你很好地了解星空如何塑造了我们所生活的世界。我诚挚地推荐你抽空阅读它，欣赏我们从原始社会所继承而来的珍贵文化遗产。去黑暗中观测恒星，寻找银河吧！试着去发现彗星，去欣赏流星，去认识星座吧！浩瀚宇宙，尽在你手！

西交利物浦大学天体物理学教授
国际天文学联合会—东亚天文发展办公室主任
M. B. N. (Thijs) Kouwenhoven 柯文采

author's preface

西北望能望到天狼星吗？

Can You See Sirius from the Northwest?

苏轼可能是中国历史上最喜欢引用天文典故的大文豪。光是在中学语文课本里，我们就能找到至少三个例子[①]：《水调歌头·明月几时有》中的“月有阴晴圆缺”；《江城子·密州出猎》中的“西北望，射天狼”；《赤壁赋》里的“月出于东山之上，徘徊于斗牛之间”。

图1　苏轼形象[②]

知识卡片Knowledge card

斗牛

斗牛是中国古诗词中的常见意象，原义分别指中国古代星官体系中二十八宿中的斗宿和牛宿。斗、牛二宿是天空中相邻的两个星宿，星占上又同主吴越之地，故经常在古诗词中一同出现。斗宿的形象是舀酒的勺斗，而牛宿则是耕牛。斗宿和牛宿分别对应西方星座人马座和摩羯座的一部分。

苏轼

苏轼（1037—1101），眉州眉山（今四川省眉山市）人，北宋时著名的文学家、政治家、艺术家、医学家。字子瞻，一字和仲，号东坡居士、铁冠道人；嘉祐二年进士，累官至端明殿学士兼翰林学士，礼部尚书。南宋理学方炽时，宋高宗加赐苏轼“文忠”谥号，复追赠太师。苏轼在散文、诗、词、赋方面均有成就，且善书法和绘画，是文学艺术史上的通才，也是公认韵文、散文造诣皆比较杰出的大家。

① 按笔者的回忆应该如此，或许现在的中学语文课本已与当年不同。

② 赵孟頫，《赤壁二赋帖》。

图2　发射星云M8，又称礁湖星云，哈勃升空28周年拍摄，位于人马座
NASA, ESA, STScI

知识卡片Knowledge card

《江城子·密州出猎》

老夫聊发少年狂，左牵黄，右擎苍，锦帽貂裘，千骑卷平冈。为报倾城随太守，亲射虎，看孙郎。

酒酣胸胆尚开张，鬓微霜，又何妨！持节云中，何日遣冯唐？会挽雕弓如满月，西北望，射天狼。

不过，在当年的课堂上，我们更关心的不是这些典故本身的意义，而是探寻作者用典背后的意图。比如：苏轼在“西北望，射天狼”一句中，借天狼星指代当时位处宋朝西北的侵略者，以表达自己抵御侵略、保卫国家的雄心壮志。

天狼星，是夜空中最明亮的恒星——每年秋天到第二年春天，你都可以看到它在夜空中闪耀。

而它与“侵略者”的联系，或许与它苍白而明亮的光芒有关；又或许是在上古时期，战场之上的天空中，每每能觅得它的身影。

不过，至少有一点我们可以确定，那就是在中国古代星占理论中，天狼星被认为主侵略，代表战乱。这就是苏轼选用“天狼”典故的根本原因。

至于“西北望”这个说法，语文课上的解释一般是：彼时宋朝与位处其西北方的西夏存在长期军事冲突，故苏轼在此处写下“西北望”，很可能是把西夏国比作了“天狼”。

知识卡片Knowledge card

西夏

西夏，国号大夏，又称“邦泥定国”，是中国历史上由党项族建立的一个朝代。西夏人以党项族为主体，亦包括汉族、回鹘族与吐蕃族等民族。因其位于中原地区的西北方，国土占据黄河中上游，史称西夏。

天狼

图 3　冬季星空中闪耀的天狼星，位于大犬座

图 4　猎犬座、大犬座、小犬座是三个与“犬”有关的星座。图中的旋涡星系 M51，又称涡状星系，位于猎犬座，是天空中最有名的星系之一
NASA，ESA, S. Beckwith (STScI), and The Hubble Heritage Team (STScI/AURA)

图5　旋涡星系M106，同样位于猎犬座，是Ⅱ型赛弗特星系中距离我们最近的一个
NASA, ESA, the Hubble Heritage Team (STScI/AURA), and R. Gendler (for the Hubble Heritage Team)

☆知识卡片Knowledge card

赤纬

赤纬是一个类似地理纬度的概念。一颗星星的赤纬越靠近 90° ，说明它在天上的位置越靠北。比如，小犬座的勾陈一之所以被视为北极星，一方面是因为它是全天排名前五十的亮星之一，另一方面则是它的赤纬超过了 89° ，非常接近真正的北天极。相反，一颗星星的赤纬越靠近-90° ，它就会出现在天空中越靠南的位置。

那么“西北望”真的能望到天狼星吗?

其实，天狼星的赤纬接近-17°，在中国所处的北半球，它永远只出现在南方天空。这就意味着，我们并不能在天空的西北方看到天狼星。

在天狼星左下方，有连环九星，正在默默注视着它。

这九颗星星被中国古人称为“弧矢”，正是因为将它们连接起来，其形状像一把“天弓”，正好对准天狼星，弓如满月，箭在弦上。

星图中的方位顺序与地图稍有不同，依次是上北、下南、左东和右西。天狼星正好位于弧矢的西北方。因此，从星象的角度来看，“西北望，射天狼”的说法恰好符合实际，而弧矢九星“弓如满月，箭在弦上”的形象是否又对应了词中那句“会挽雕弓如满月”呢？我们不得而知，只能遥遥臆想在近千年前的原野上，苏轼仰望天狼，自比手持弓箭的勇士，渴望保家卫国的潇洒豪情。

天文学是人类历史上最古老的自然科学之一。在信息交流远不如现今便利的古代，笃信“凶星”传说的人们，以天狼星的明亮或晦暗，试图预测国家的兴衰和自身的安危。繁星与命运的联系，仅在俯仰之间。

如今，天文学的研究对象动辄是距离地球数万乃至数亿光年的宇宙天体，和普通人的生活全无交集。对我们来说，“天狼”可能只是冬春之交天朗气清时可以翘首赏玩的明亮恒星，但对古人而言，它的耀眼使人恐惧。这也许就是古人在它的东南方设置“天弓”的原因，其中寄托的是远离战争、迎来和平的期盼，这自然也是今天的我们所希望的。

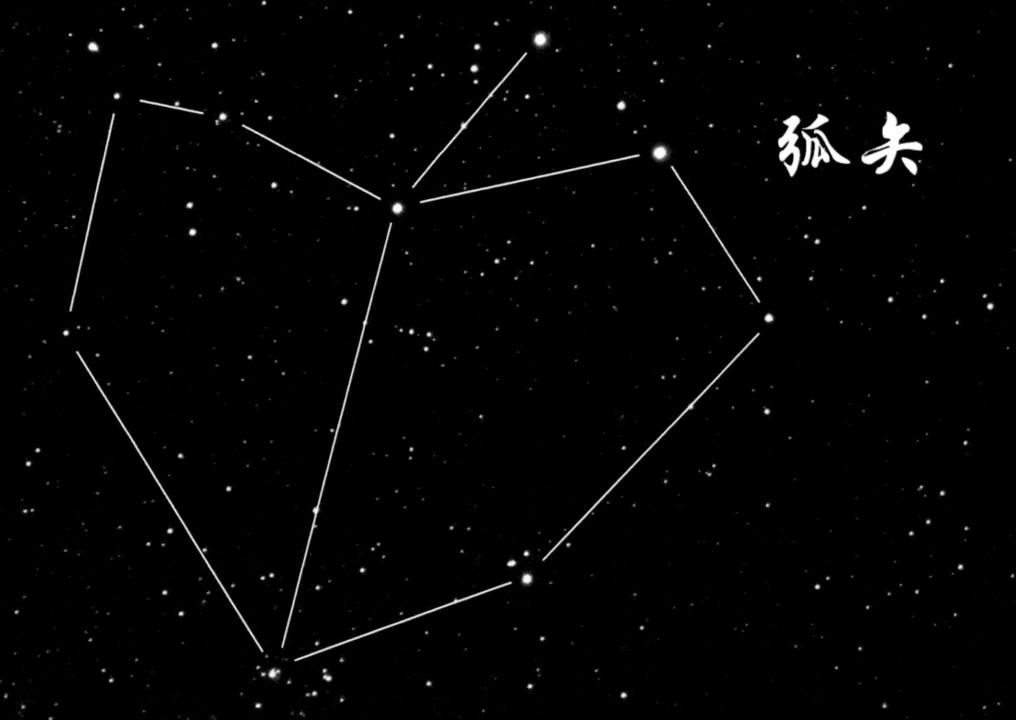

图6　时刻对准天狼星的一把"天弓"

目 录 CONTENTS

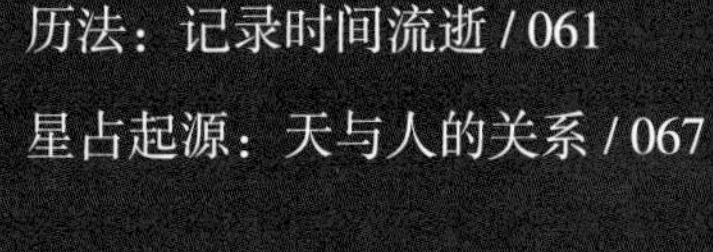

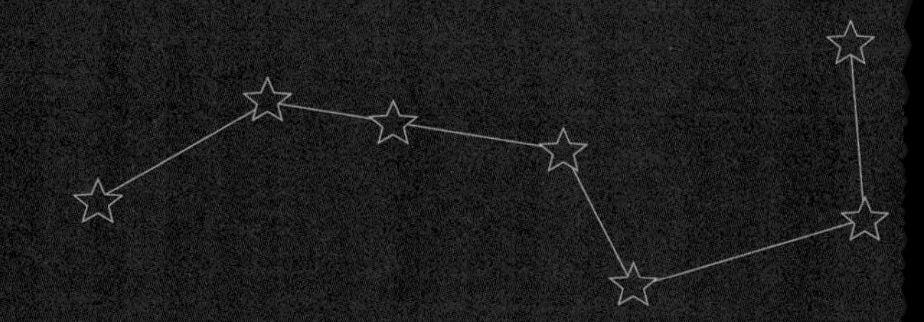

NO.1

史前天文学：人类和宇宙的初次邂逅

Astronomy in Prehistory: The First Encounter Between Human and the Universe

想象一下，如果你是数千年前的先民，你最关心的会是什么？也许是温饱问题——农作物能不能按时有好收成；也许是安全问题——如果要外出打猎，如何才能不迷失方向。

如果想要有好的收成，你就需要掌握寒暑更替规律，避免在错误的时节种植作物而导致颗粒无收；如果你想在外出打猎时不迷失方向，则要有方位概念，同时要懂得利用自然环境辨识方向。

如今我们想要掌握准确的时间，想要知道自己的位置，只需要打开手机。而在没有数码设备的远古时代，先民们就要仰赖头顶的天空来获取他们想要的信息。

经过长期的观察，先民们发现了天上日月星辰的出没具有一定的规律。比方说，日出和日落发生在几乎相对的两个方向；太阳到达一天当中的最大高度时，总是位于天空中的一个固定方向[①]；夜晚有的星星会升起，有的则会落下，但有某个方向的某些星星会一直在天空中闪烁，永远不会落下。这些特殊方位就逐渐形成了后来“东南西北”四方的概念。

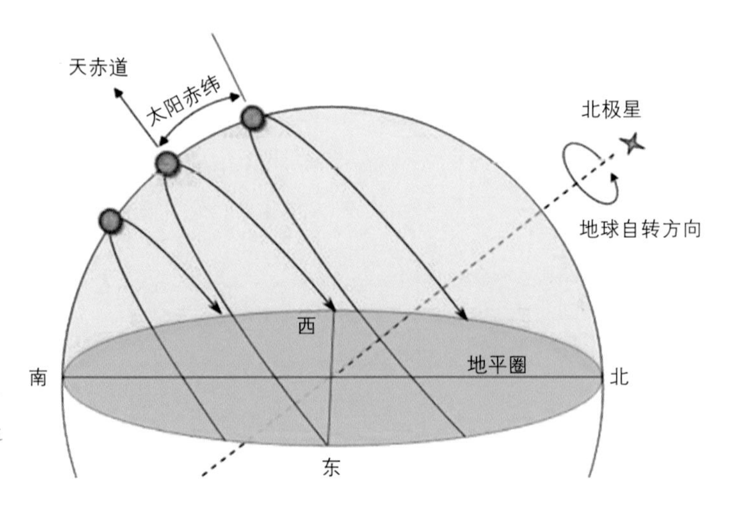

图1　从日出到日落太阳在天空中运行的轨迹

① 对于南北回归线之间的地区而言并非如此。

图2　在北半球，北方天空的一部分恒星永远不会落下（羊子诺　摄于山东威海）

☆知识卡片Knowledge card

恒显圈

我们把恒星永不落下的区域称为“恒显圈”，恒显圈内的恒星则是恒显星。恒显圈的大小与观测点的地理纬度有关，观测点越靠近南北极，恒显圈就越大，观测到的永不落下的恒星就越多。当我们在南北极点观测星空时，会发现天上所有星星都不会落下，同时也没有星星升起。

此外，先民也发现了天体运动规律与气候之间的关联性：在北半球地区，当太阳升起时的方位越来越靠近北，正午高度越来越高时，天气会越发炎热；当太阳升起的方位越来越靠近南，正午高度越来越低时，天气则会由热转冷。在此基础上，我们常说的“二分二至”（春分、夏至、秋分、冬至）概念也很自然地产生了。

除了太阳，夜晚的繁星也是绝佳的指示工具。先民很早就观测到了北斗七星，并总结出了诸如“斗柄东指，天下皆春”这种斗转星移与季节变化之间的关系。

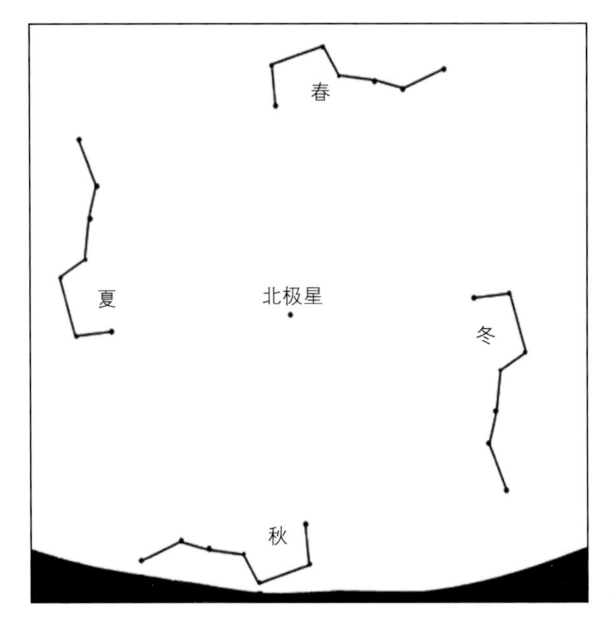

图3 北斗斗柄指向随季节变化而发生改变

先民们究竟是何时洞悉了这些规律，我们不得而知，但可以肯定的是，在他们创造出文字以前，就已经初步掌握了这些知识。

巨石阵：可能是天文台的最早形态

在英国，有一处用几十块巨大石头围成的圆圈形史前遗迹。它被称为巨石阵，位于英国威尔特郡（Wiltshire）。有不少学者认为它就是当地先民们建造的原始天文台。

目前的考古研究表明巨石阵的建造日期距今5000至4000年，也就是公元前3000年至公元前2000年，每块巨石高约4米，宽2米，重约25吨，均为砂岩漂砾（sarsen stones），其中最重的一块可达35吨。这些巨石大约在公元前2700至公元前2400年间，从30千米外的莫尔伯勒丘陵（Marlborough Downs）被搬运至现在的位置。

图4　巨石阵

关于这一史前建筑的天文学功能，长期以来学术界多有讨论，在二十世纪六七十年代甚至分化为针锋相对的两大派别：一方以天文学家为主体，认为巨石阵蕴含了复杂的天文学内涵，是不折不扣的“远古天文台”；而考古学家大都否认这样的观点，认为巨石阵与天文的联系，仅限于其在建造时参考了当时夏至日日出与冬至日日落方位所形成的连线。

知识卡片Knowledge card

砂岩漂砾

砂岩漂砾是一种硅化砂岩，质地致密而坚硬，主要分布在英国的索尔兹伯里平原（Salisbury Plain）与莫尔伯勒丘陵。

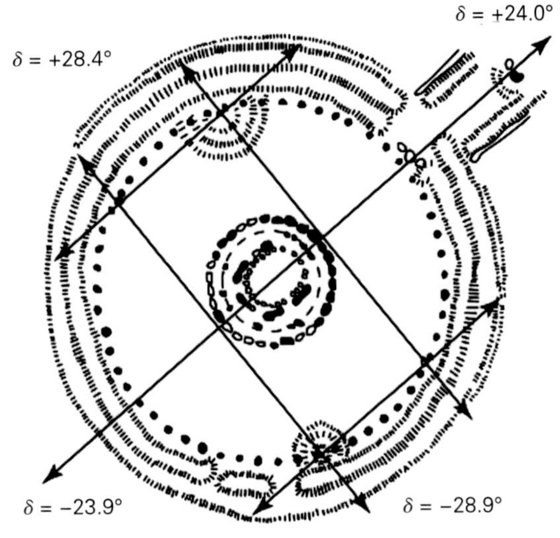

图5　在威尔特郡，每年夏至日出方位是正东以北40.2度（对应赤纬24.0°），冬至日日落方位为正西以南40.2度（对应赤纬−23.9°），两者方向几乎成一直线（Ruggles，2015：1231）

✩ 纽格莱奇通道墓：冬至独有的神秘奇景

巨石阵并不是孤例。在今天爱尔兰境内博因河谷（Boyne Valley）内的纽格莱奇（Newgrange），有一处修建于约公元前3000年的通道墓。这个墓穴最神奇的一点是，当每年冬至日前后太阳从东南方升起时，阳光都能射进位于墓穴入口处的狭长切口（学者们称之为roof-box，即“屋顶盒”），穿过近20米长的墓穴通道，直达中心墓室，带来满室光明。

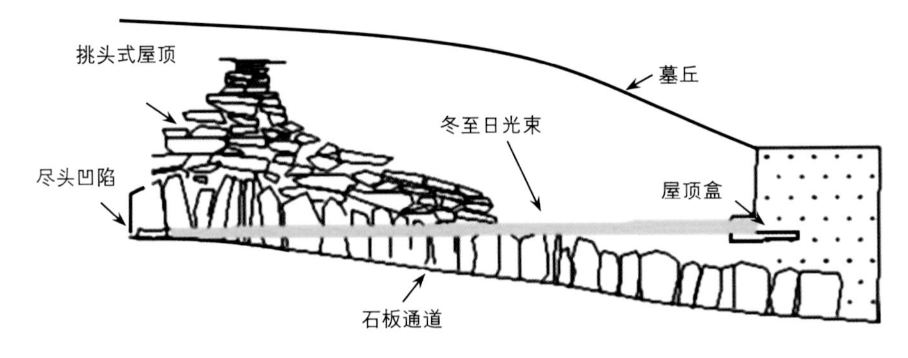

图6　冬至日日出时阳光射入墓室（Ruggles，2015：1274）

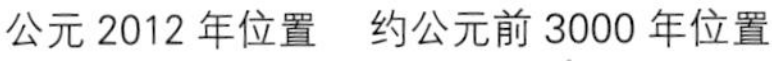

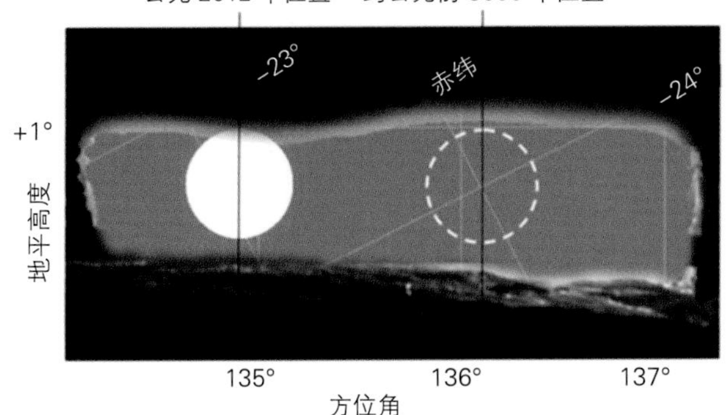

图 7　右侧虚线圆表示公元前 3000 年前后太阳直射入口时的方位。约 5000 年过去了，太阳的位置向左偏移了大约 1°（Ruggles，2015：1274）

和今天相比，约 5000 年前太阳在冬至日升起的方位会更偏南一些，因此如果从通道墓中心墓室的地面往入口处望去，约 5000 年前太阳光开始射入墓穴时，太阳大致位于入口中央，而在同样的高度下，今天的太阳会出现在入口偏左侧。

✩ 陶寺观象台：季节与节气的初步观测

在中国境内，我们也找到了类似的考古遗迹。2003 年，考古人员在位于山西襄汾的陶寺遗址内发现一处大型半圆体夯土建筑，考古学信息显示该建筑始建于陶寺中期（约公元前 2100 年），毁于陶寺晚期。

根据残存建筑的形态判断，建筑最初由 13 根夯土柱组成，形成了由北至南大致均匀分布的 12 条狭缝。考古人员还在半圆建筑的圆心附近发掘出了被认为是观测点的多层夯土小圆台，学者们把小圆台与 13 根夯土柱看作是我国观象台的鼻祖，称其为陶寺观象台。

图 8　陶寺观象台复原图

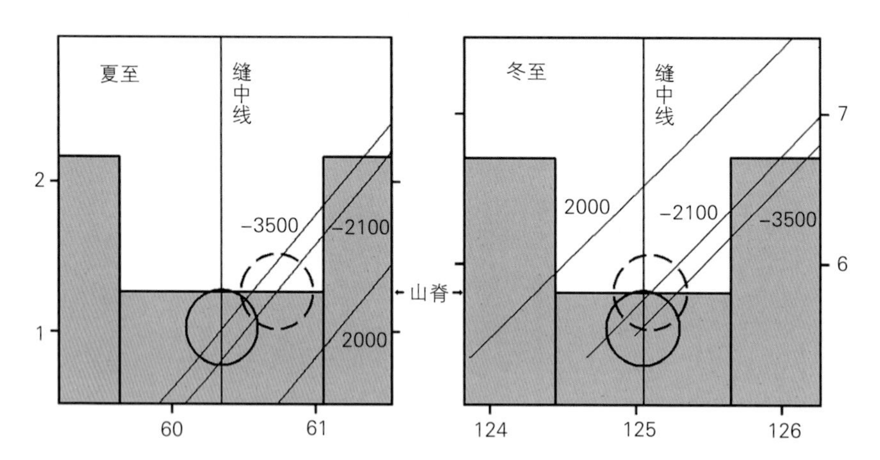

图 9　夏至日与冬至日陶寺观象台日出方位模拟(武家璧,陈美东,刘次沅,2008:155—162)

武家璧等天文考古专家尝试模拟公元前 2100 年时在陶寺观象台的观测情况，结果显示在夏至日，当太阳在远处山脊露出一半的圆面时，从观测点望去，太阳位于最北侧的狭缝内右部；而在冬至日，当太阳同样露出一半的圆面时，会正好出现在由北至南第 11 条狭缝的中央。太阳永远不会从最南侧的狭缝升起，该缝在冬至日狭缝以南 6 度，有学者推测这可能标记了月球在升起时能到达的最南点。

在冬至日狭缝与夏至日狭缝间还有 9 条狭缝，这不由得让人联想到我国传统的二十四节气。就目前的研究来看，这 9 条狭缝与二十四节气并没有直接对应的关系。单纯从数量考虑，除去太阳只会在冬至日和夏至日分别经过一次的狭缝，剩下的 9 条狭缝，太阳都会在一个回归年内从其中央升起 2 次。即使这样，总共也只能把一个回归年分成 20 个部分，而非 24 个部分。天文考古专家李勇推测，这 20 个日期最初可能对应了陶寺文化中的特殊日期，经过长期演变，逐渐转化为我们熟悉的二十四节气（李勇，2010，259-270）。

知识卡片Knowledge card

二十四节气

二十四节气是中国古代历法中一种将日期与太阳周年运动位置相联系的系统。顾名思义，二十四节气将一年分为 24 个部分，并给每一部分的起点一个名称，其中立春、惊蛰、清明、立夏、芒种、小暑、立秋、白露、寒露、立冬、大雪、小寒为 12 节气；雨水、春分、谷雨、小满、夏至、大暑、处暑、秋分、霜降、小雪、冬至、大寒为 12 中气，节气与中气依次相间排列，统称二十四节气。

濮阳西水坡龙虎蚌塑：二十八宿的起源

除了陶寺观象台，中国另一个重要的天文考古遗迹，是位于河南濮阳西水坡 45 号墓的龙虎蚌塑墓葬。墓葬属于仰韶文化时期遗迹，距今约 6000 年。

墓主人左右以及脚部均有蚌壳堆砌而成的图案，目前学界普遍认为该造型与星象有关联。右图左侧图案为龙，右侧为虎，很可能代表了中国古代传统四象之中的东宫苍龙与西宫白虎，其中苍龙图案覆盖了二十八宿中角、亢、氐、房、心、尾六个星宿，而白虎图案则是觜宿和参宿的形象。墓主人脚部呈三角形的蚌塑与两根人类胫骨组成的形象一般被认为是北斗七星。

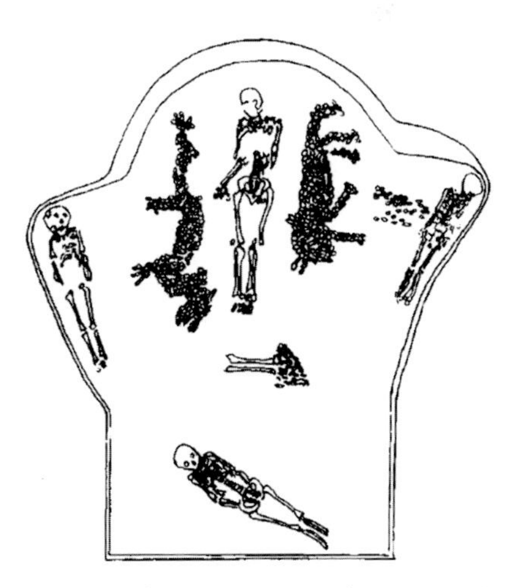

图 10　墓葬俯视图（陆思贤，李迪，2000：3）

图11　苍龙六宿角、亢、氐、房、心、尾对应现代星座中室女座、天秤座与天蝎座天区

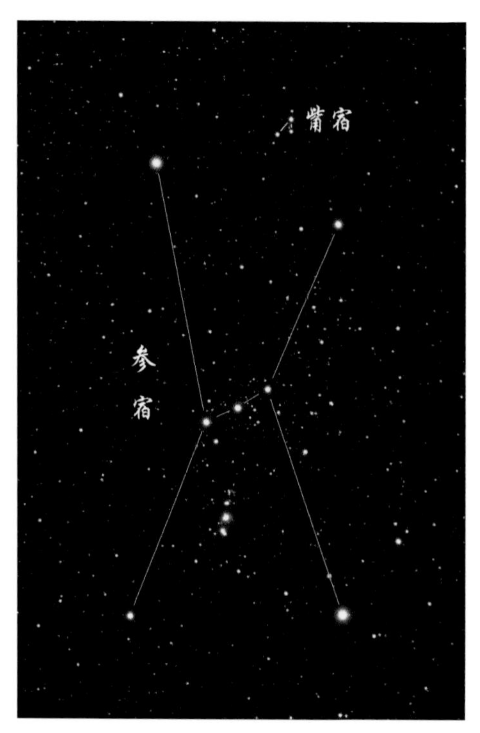

图12　白虎(觜参二宿)均位于猎户座天区内

如果你熟悉四象二十八宿，那么你可能已经发现，这里所谓的苍龙白虎，和我们如今熟悉的样貌并不一致。西水坡墓葬的年代可能正值四象成形的早期阶段，当时仅有东西两象，而二十八宿也没有完备，因此其内涵自然与现在我们熟知的四象二十八宿有所差别。南北两象的出现以及与二十八宿的完整对应，是更加晚近的事情。关于二十八宿的详细介绍，可参见第四章相关章节。

图 13　旋涡星系 M61，位于室女座，现在的秋分点在其附近
ESA/Hubble & NASA, ESO, J. Lee and the PHANGS-HST Team

图 14　四象二十八宿

☆知识卡片 Knowledge card

四象与二十八宿

中国的四象与二十八星宿存在对应关系：东宫苍龙对应角、亢、氐、房、心、尾、箕七宿；北宫玄武对应斗、牛、女、虚、危、室、壁七宿；西宫白虎对应奎、娄、胃、昴、毕、觜、参七宿；南宫朱雀则是井、鬼、柳、星、张、翼、轸七宿。

✩ 拉斯科洞窟野牛壁画：史前人类眼中的金牛座

1940 年的一天，四位青年在法国南部偶然发现了一个神秘洞穴，这个名为“拉斯科”（Grotte de Lascaux）的洞穴内拥有众多壁画与岩石雕刻，年代可追溯至距今 1.9 万至 1.6 万年以前。在这些史前人类留下的艺术创作中，一幅特别的作品引起了学者的注意。

拉斯科洞窟中有一处如今被称作野牛殿堂（The Hall of the Bulls）的外形不规则的圆厅。这里保留着形形色色的野牛壁画，当中有一幅壁画从牛角到牛尾的跨度达 5.6 米（下图），这幅野牛壁画不仅在规模上极其壮观，细节方面也值得称道。在牛眼附近，有集中的黑点群，不远处的牛背上方则有六个黑点。这些黑色斑点群被一些学者认为可能是当时的人们对毕宿五、毕星团以及昴星团的刻画，而整个牛头形象可能就是后来我们熟悉的金牛座的雏形。

为什么说拉斯科洞窟壁画上的野牛和后来的金牛座有关呢？这是因为约 1.8 万年以前，昴星团与毕星团的位置非常特殊——它们正好位于秋分点两侧。当时的先民们可能会通过观察昴星团与毕星团的位置变化来

图 15　拉斯科洞窟中的野牛壁画

指导日常生活生产。此外，每当秋分来临时，毕星团与昴星团会有大约 50 天的时间被阳光淹没，暂时消失在夜空中，此时正值欧洲野牛的发情交配期。或许这就是先民们将两个星团与牛的形象联系起来的原因。

需要注意的是，以上提到的包括岩洞在内的这些史前天文学遗迹，由于缺少相应的文字佐证，我们对它们的理解可能或多或少有失偏颇。其实

知识卡片Knowledge card

秋分点

指黄道（太阳在天球上的运动轨迹）与天赤道（地球赤道在天球上的投影）的其中一个交点（另一交点为春分点），太阳在秋分日自北向南穿越天赤道，经过这一交点。秋分点的位置本身不可见，因此需要背景星空辅助定位，如正文提及的昴星团与毕星团。

图16　轸宿四星均位于乌鸦座，其附近有一对相互作用星系NGC 4038、NGC 4039，又称触须星系，它们目前仍在相互接近，从相互吸引到合为一体约需9亿年
ESA/Hubble & NASA

图17　古典星图中的金牛座形象

在巨石阵建造的年代，地球上的一些地方已经出现了文字的踪迹，这对我们了解当时的天文学进程很有帮助。

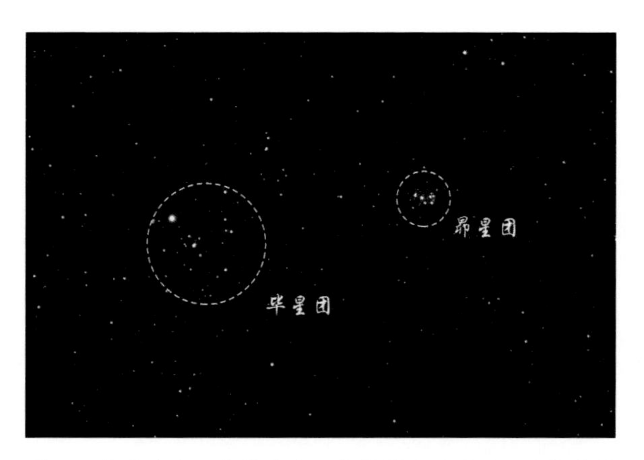

图18　金牛座有可能是有史以来最早出现并沿用至今的星座形象

图 19　超新星残骸M1，又称蟹状星云，位于金牛座
NASA, ESA and Allison Loll/Jeff Hester (Arizona State University). Acknowledgement: Davide De Martin (ESA/Hubble)

NO.2

古代早期天文学：三个文明的探索与发现

Early Ancient Astronomy: The Exploration and Discovery by Three Civilizations

天文学的历史，就是我们人类认识宇宙的历史。

如果我们要对整个天文学历史进行分段，文字出现以前的阶段可以称为“史前天文学”（即第一章的内容）。在这个阶段，知识的传播主要依靠口语、实物（如建筑、器物等）为传播的辅助形式。

文字出现后，此前只能依靠口口相传的知识就可以用文字的形式保留下来。这不仅提高了知识传播的效率，也在很大程度上减少了口口相传时容易产生的各种错误。知识传播形式的转变无疑加快了人类认识宇宙的步伐，天文学也由此进入了下一个历史阶段——结合年代，我们可以称其为“古代天文学”。

本书的“古代天文学”，具体指有文字出现开始，到公元 2 世纪左右的历史阶段。在这一阶段的早期，有三个古文明对天文学的贡献是我们无法忽视的，它们分别是位于非洲尼罗河流域的古代埃及，位于中亚两河流

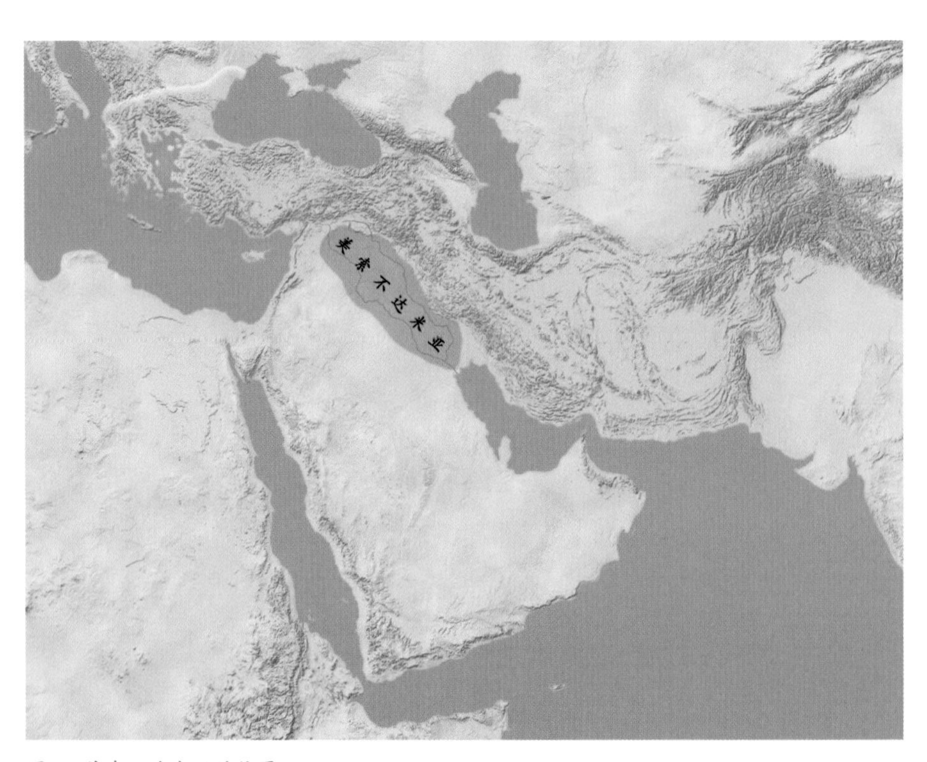

图1 美索不达米亚的位置

域[1]的古代美索不达米亚，以及东亚黄河—长江流域的古代中国。前两者积累的天文知识孕育了后来光辉灿烂的古希腊天文学，而后者基于夜空星象发展起来的一系列理论体系则成为了我们中华文明不可或缺的重要组成部分。在古代天文学阶段的中后期，以古希腊天文学为代表的西方天文学传统，以及以古代中国天文学为代表的东方天文学传统正式成型。关于古希腊天文学和公元 2 世纪以前古代中国天文学的内容，我们将在第三、第四章中详细讲述。

知识卡片Knowledge card

古代美索不达米亚

美索不达米亚这一称谓源自希腊语，意为“河间之地”，在今伊拉克境内。美索不达米亚地区是人类最早的文明发源地之一，此处土地肥沃，周边缺少天然屏障，历史上曾有多个民族入主成为该地区的统治者，从约公元前 3500 年城市文明出现在两河流域下游的苏美尔开始，到公元前 4 世纪亚历山大大帝时，美索不达米亚地区先后经历了苏美尔、阿卡德、古巴比伦、亚述、新巴比伦、波斯等时期。

从现有的文献资料来看，三个古文明在天文探索之路上所感兴趣的主题是相似的，大体可以分为三个：其一是星象，其二是历法，其三是星占。下面就向大家逐一介绍。

旬星：从神性到尘世

在第一章我们提到史前人类已经学会利用头顶的星空指导农耕、导航定位、知晓时辰。当文字出现后，我们很快就找到了直接证据：在公元前 22 世纪乃至更早的年代，古埃及人发展出一套名为星钟（starclock）的计时系统，顾名思义，这一套系统将恒星作为指示时间的工具，其基本原理就是利用星空变化的周期性。

① 两河分别是幼发拉底河与底格里斯河。

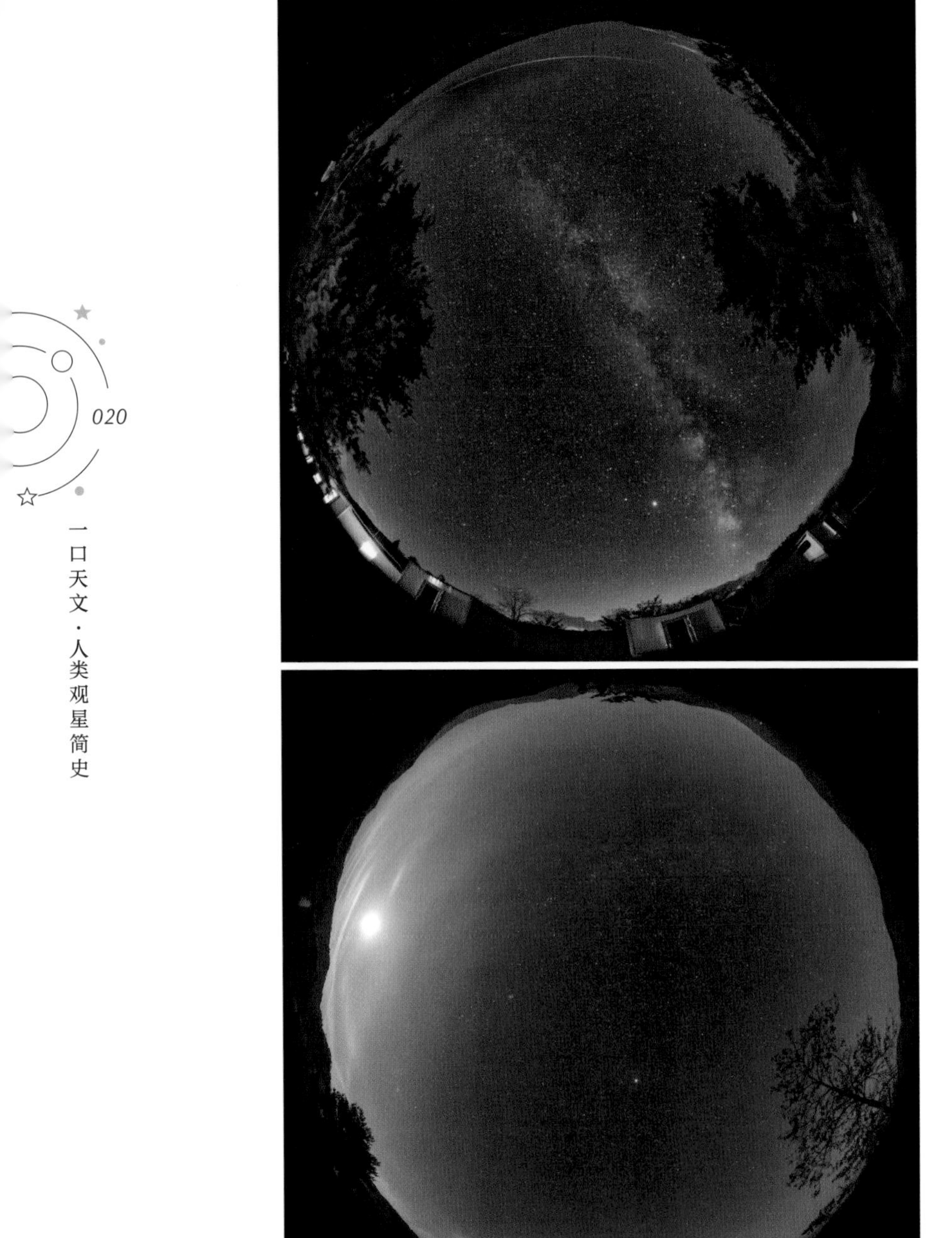

图2　在不同季节的同一地点、同一时间，会看到不同的星空

尽管我们现在还没能将古埃及人对星空的划分和现代星座完全对应起来，但可以确定的是，古埃及人在星钟系统中将黄道附近的恒星分成了36组。每隔约10天，在特定时刻（如日落后、午夜、日出前）经过子午圈的恒星组就会出现变化，这些恒星组也因此被称为旬星（decanstar）。人们只需要观测星空，就能得知现在是一年中的什么时候。

☆知识卡片Knowledge card

黄道、子午圈

黄道指太阳在天球上的周年视运动轨迹，实际上代表了地球的公转轨道面。

子午圈指的是经过北天极、天顶、南点、南天极、天底、北点并在天球上的大圆。

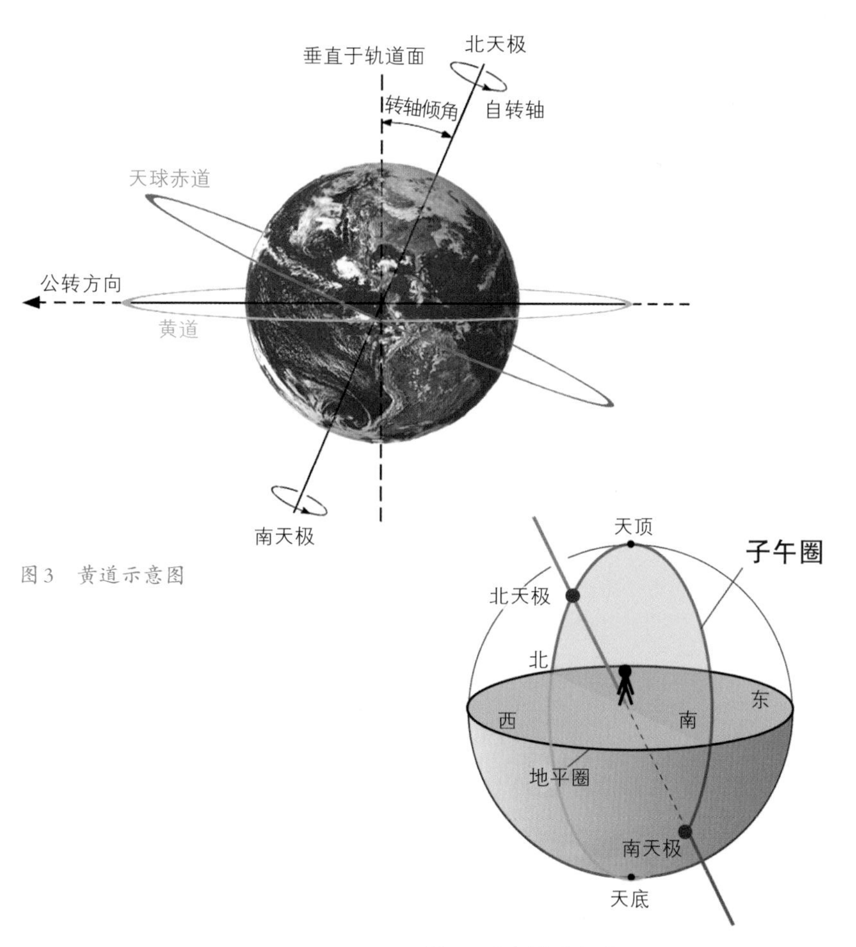

图3　黄道示意图

图4　子午圈示意图

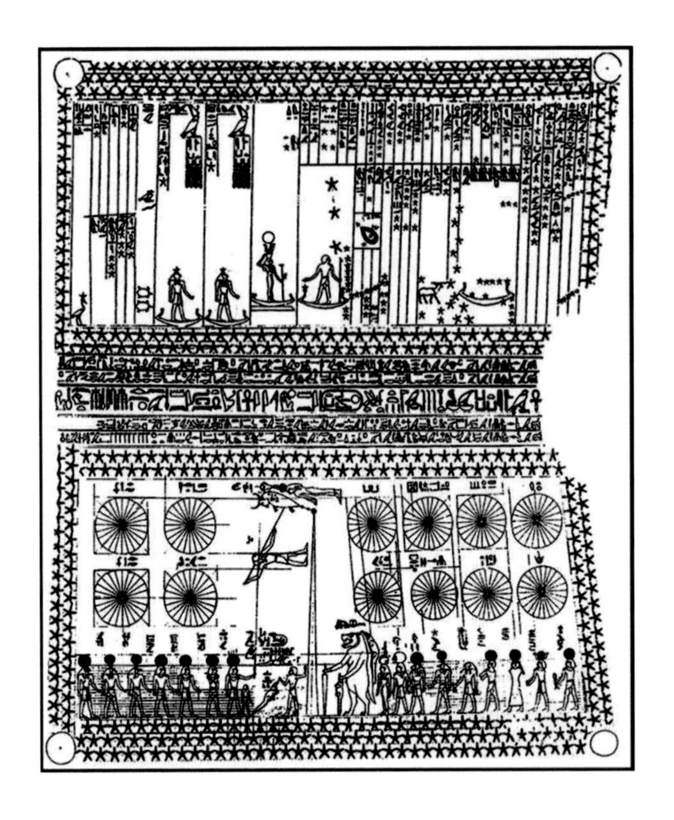

图5　在瑟南穆特墓穴发现的壁画是迄今发现的最早的关于埃及星空文化的文物之一（Ruggles，2015：1481）

目前已知年代最早也是最完整的旬星列表出现在古埃及底比斯西部（今埃及卢克索）的瑟南穆特（Senenmut）墓穴中，考古学家在墓穴的顶部发现了一幅天文主题壁画，上有完整的旬星表，另有部分埃及星座图样、行星名称等星空元素。

瑟南穆特是古埃及第十八王朝哈特谢普苏特（Hatshepsut）女王当政时（约公元前 1470 年）的建筑师与财政大臣，同时还是女王的情人。这使得他得到不少本来专属于王室的特权，比如在墓室中绘制天文壁画。

为什么说在墓室里绘制天文壁画会属于王室特权呢？这就要提到关于旬星用途的另一种观点。德皮特（Depuydt）认为，鉴于目前仅在墓葬区域发现了与旬星有关的资料，旬星的主要用途可能并不是指示时间，而仅仅是一种对特定日期星象的记录，抑或是某种理想化的星空描述。记录或

图6　旋涡星系NGC 1792,这个星系位于南天球的天鸽座,是一个星爆星系
ESA/Hubble & NASA, J. Lee

图7　瑟南穆特形象

描述特定星象的目的，大概与古埃及的星神崇拜有关。古埃及人是多神崇拜，其中一部分神与天上的星辰有关，比如太阳神拉（Ra），月亮神透特（Thot），天狼星是伊西斯（Isis）的化身，等等。他们还认为在一年或者一天中的不同时刻，都会有一个与该时刻对应的“主导神”负责主宰此时此刻的尘世万物（江晓原，2014：62）。旬星体系的出现很可能与这种观念有关，而在墓室中刻画旬星，是为了让掌握权力的人在逝去后依旧有途径继续与这些天神沟通。

古埃及的星神崇拜实际上可以看作是星占的雏形。江晓原认为，古埃及人在法老时代虽已有相当水准的天文学知识，但他们似乎并未自己发展出一套严格意义上的星占学体系（江晓原，2014：56）。

金字塔：通往闪烁星辰的道路

古埃及人星神崇拜的另一重要例证就是矗立了至少47个世纪的大金字塔。金字塔与星空的关系一直是个让人津津乐道的话题，时不时还会有“劲爆”的新发现。20世纪90年代，罗伯特·包维尔（Robert Bauval）和阿德里安·吉尔伯特（Adrian Gilbert）就在《猎户座之谜》（*The Orion Mystery*）一书中指出，吉萨金字塔群最大的三座金字塔是古埃及人对照猎户座腰带三星的相对位置进行修建的。如果把尼罗河视作银河，那么

图8　吉萨金字塔群

地面上的这幅“星图”规模甚至可以进一步扩展，河岸两旁的各种建筑遗迹实际上都象征着天上银河两侧的恒星（Bauval, Gilbert, 1994）。

这一说法在公众领域引起巨大轰动，但在学界则有不少争议。目前，学界对该说法均持保留态度（Ruggles, 2015: 1522），认为其缺少足够证据支持。目前为止普遍得到认可的金字塔与天文的联系主要集中在其外观与布局上。以吉萨金字塔群为例，胡夫金字塔与哈夫拉金字塔的基线均为严格的正东南西北，误差不超过6角分（Ruggles, 2015: 1524）。

知识卡片Knowledge card

吉萨金字塔群

吉萨金字塔群是位于今埃及开罗郊区吉萨高原的陵墓群，始建于古埃及古王国时期第四王朝期间（约公元前26世纪），主要由三座大金字塔组成，分别是胡夫金字塔、哈夫拉金字塔以及孟卡拉金字塔。在三座大金字塔旁有著名的狮身人面像与三座属于皇后的小型金字塔。

此外，三座金字塔的东南角几乎在一条直线上，这条直线的东北方向指向了约20千米外的赫利奥波利斯（Heliopolis）——古埃及的一座圣

图9　夏季银河，摄于广东韶关新丰

城。赫利奥波利斯是古希腊人对古埃及城市昂（On）的称呼，意为“太阳城”，城内有太阳神拉的庙宇。在古埃及古王国时期（约公元前27世纪至公元前22世纪），太阳神拉的地位空前，是全国崇拜的对象。

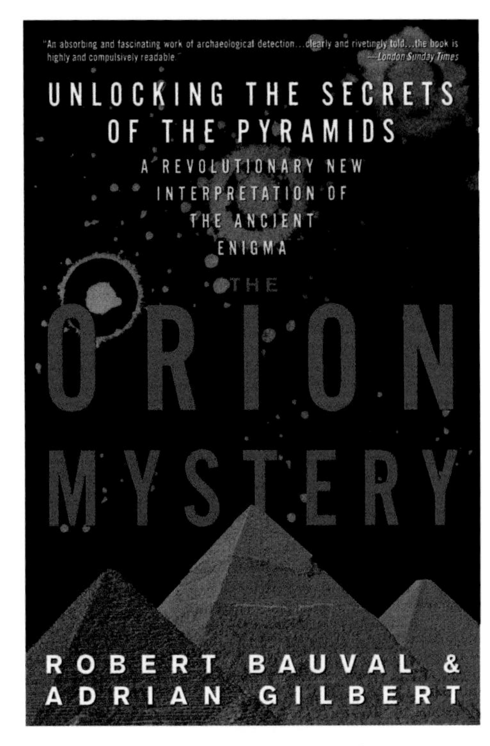

图10 《猎户座之谜》书影

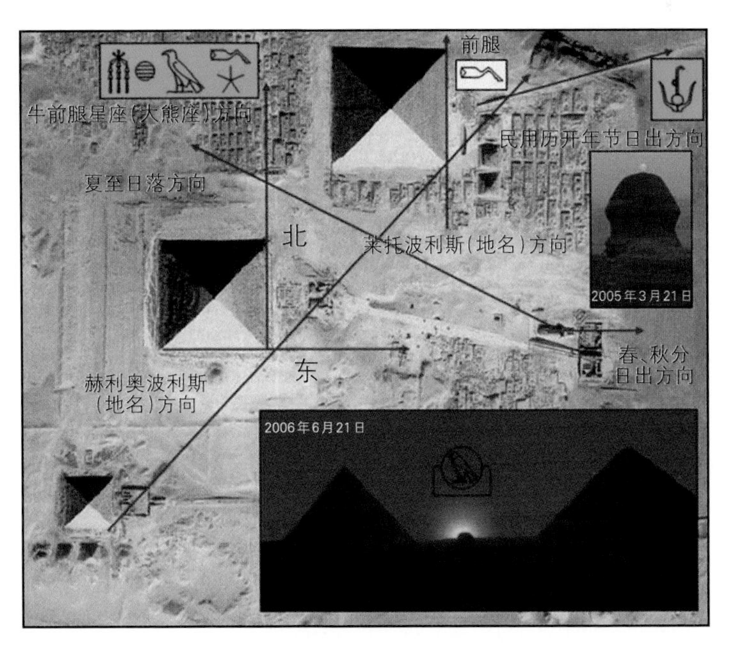

图11 两座大金字塔的底边朝向非常严格

图12　旋涡星系M101，又称风车星系，位于大熊座
European Space Agency & NASA

图13　星暴星系M82，又称雪茄星系，位于大熊座
NASA, ESA and the Hubble Heritage Team（STScI/AURA）

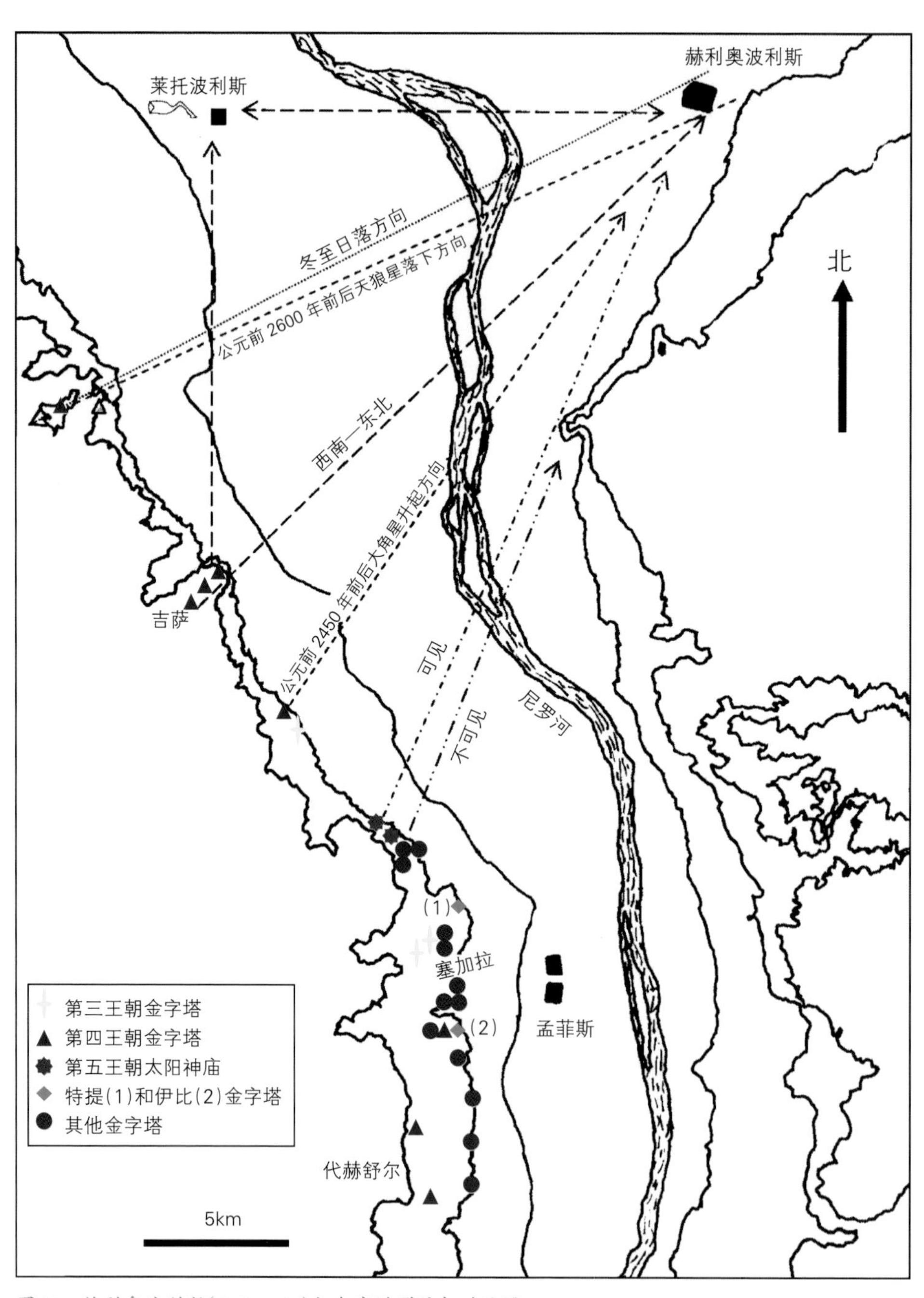

图14　赫利奥波利斯(Heliopolis)与金字塔群的相对位置

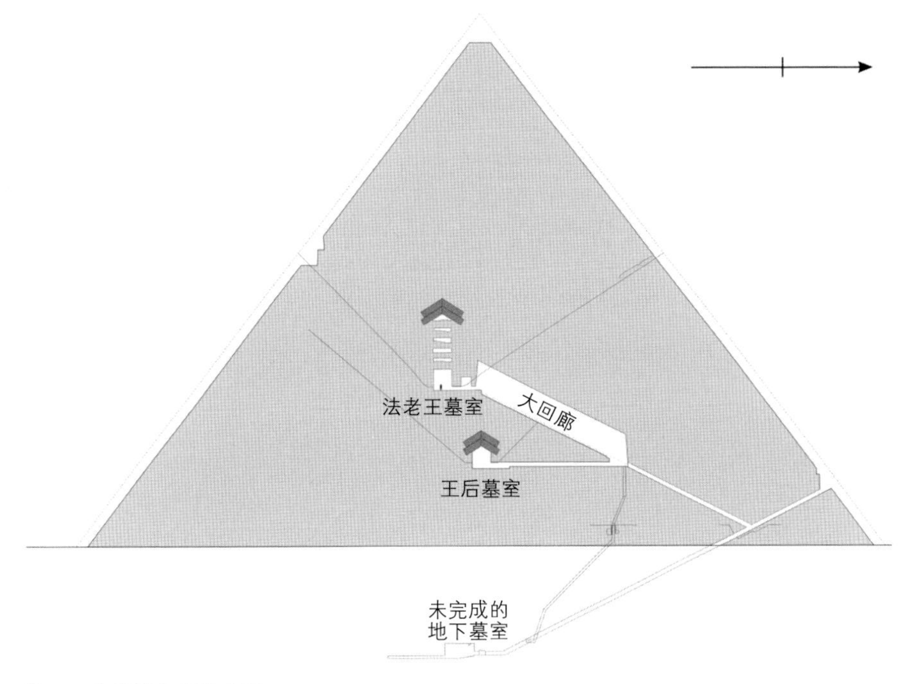

图15　金字塔内部结构图

金字塔本质上是一座陵墓，其内部有法老王与王后的墓室。在构造上，国王与王后的墓室中皆有两条自室内向外延伸的狭窄管道，四条管道在水平方向上与金字塔本身类似，也是严格的正南北走向，误差仅有数角分；在垂直方向上，四条管道与水平面均成一定角度，其中由国王墓室延伸出来的两条管道，朝北的一条倾角为32°36′，朝南的一条倾角约为44°，王后墓室延伸出的管道倾角则在39°附近。

20世纪60年代，特林布尔（Trimble, 1964: 183—187）发现在胡夫金字塔建造的年代，国王墓室中朝北管道的指向与右枢（天龙座α）上中天时的位置一致；而朝南管道的指向则与猎户座ε的上中天位置重合，参宿二（猎户座ε）是猎户座腰带三星里居中的一颗。

在古埃及星空体系中，参宿二所在的星空区域被称为萨赫（Sah），范围相当于现在的猎户座与天兔座。萨赫常对应古埃及神话中冥神奥西里

图16　发射星云M42，又称猎户座大星云，是猎户座的“心脏”，亮度极高，肉眼可观察；它的旁边是发射星云M43，又称德梅兰星云，样子像一个逗号

NASA，ESA，M. Robberto（Space Telescope Science Institute/ESA）and the Hubble Space Telescope Orion Treasury Project Team

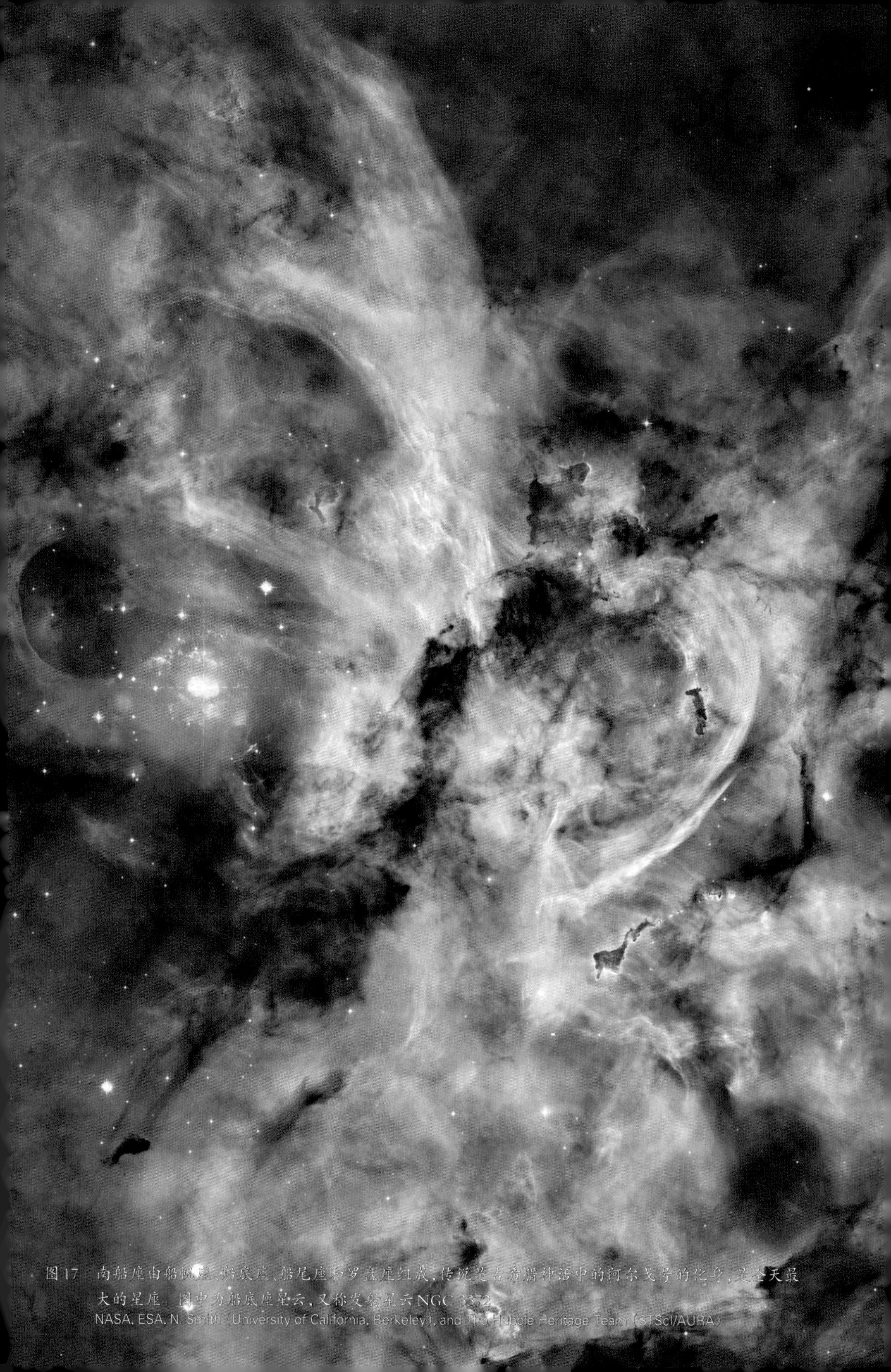

图 17　南船座由船帆座、船底座、船尾座和罗盘座组成，传说是古希腊神话中的阿尔戈号的化身，是全天最大的星座。图中为船底座星云，又称发射星云 NGC 3372

NASA, ESA, N. Smith (University of California, Berkeley), and The Hubble Heritage Team (STScI/AURA)

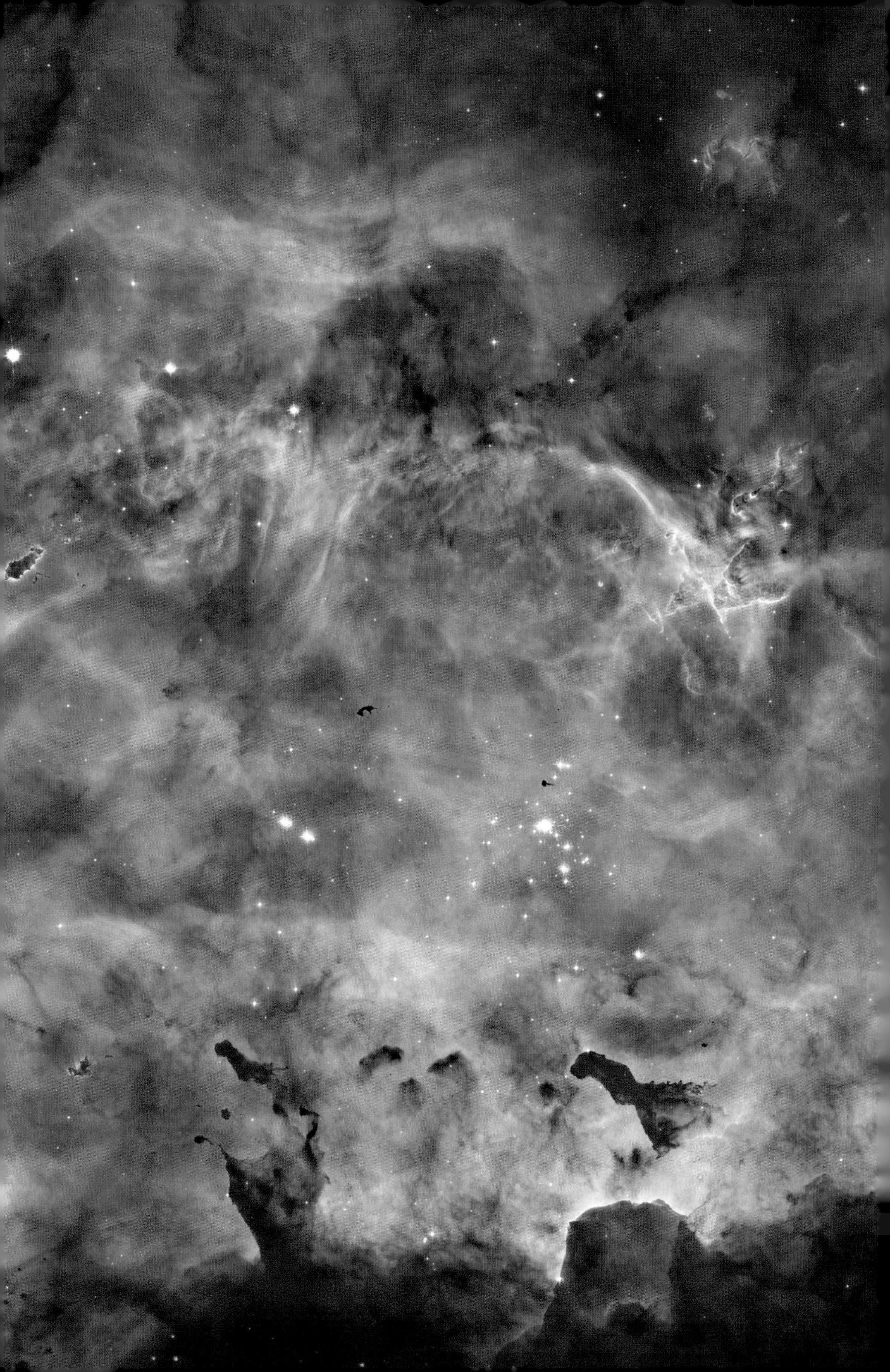

图18　神秘山位于船底座星云，是恒星诞生从内部影响宇宙云形成的柱状结构
NASA, ESA, M. Livio and the Hubble 20th Anniversary Team (STScI)

图19　高光度蓝变星船底座AG，哈勃升空31周年拍摄
NASA, ESA and STScI

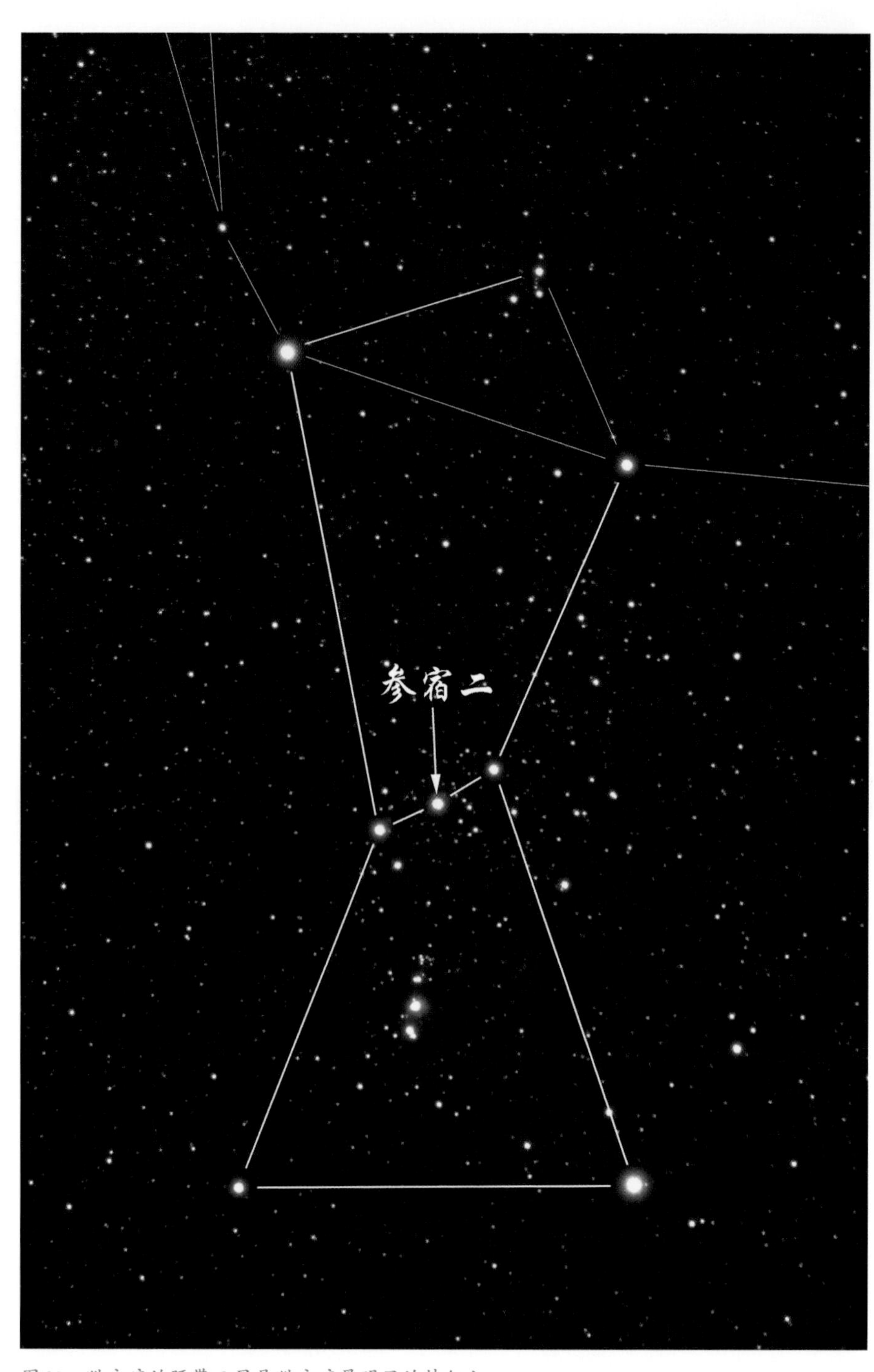

图20　猎户座的腰带三星是猎户座最明显的特征之一

图 21　约 5000 年前右枢是最接近北天极的明亮恒星

斯（Osiris）；彼时的右枢也有着特殊地位——约 5000 年以前它是距离北天极最近的明亮恒星[①]。因此，国王墓室中两条管道的指向，可能具有象征意义。

从王后墓室中延伸出来的管道，在其朝向的天空方位同样能找到两颗亮星，分别是上中天时位于南方的天狼星（大犬座 α）与上中天时位于北方的帝星（小熊座 β）。需要注意的是，从王后墓室中延伸出的管道的指向，与恒星的真实位置存在约 2° 的误差，而从国王墓室中延伸出来的管道的指向，则与恒星的真实位置基本吻合。

图 22　地轴进动导致北极星发生更替

① 俗称“北极星”。

知识卡片Knowledge card

北天极的进动

地球自转轴会发生类似陀螺旋转时摇摆的现象，究其原因，是因为在太阳、月球以及其他行星的引力作用下，地球自转轴会绕黄道面的垂直轴缓慢旋转，天文学上称为进动。

地轴的进动周期约为 26000 年，其间由于地轴指向发生变化，北天极在天球上的位置会发生改变，具体的表现是北极星的更替。如今的北极星是勾陈一（小熊座 α），而在公元前 3000 年前后位于北天极附近的亮星是右枢。此外天津四、织女星都有机会成为北极星，其中天津四将会在公元 10000 年前后成为最接近北天极的亮星，织女星则将在公元 14000 年前后成为北极星。

中星观测：观象授时

抛开星神崇拜因素，古埃及的旬星实际上可以看作是一系列中星观测结果。所谓中星观测，是指恒星过正南方子午圈时对其进行观测，恒星过子午圈时称为“中天”，位于子午圈的恒星为“中星”。古代美索不达米亚与古代中国也出现了类似的观测成果，以下介绍同一时期古代中国中星观测的发展历程。

在儒家经典《尚书》中有一段与星象相关的内容，出自《尚书·尧典》①：“乃命羲和，钦若昊天，历象日月星辰，敬授人时。分命羲仲，宅嵎夷，曰旸谷。寅宾出日，平秩东作。日中，星鸟，以殷仲春。厥民析，鸟兽孳尾。申命羲叔，宅南交，平秩南为，敬致。日永，星火，以正仲夏。厥民因，鸟兽希革。分命和仲，宅西，曰昧谷。寅饯纳日，平秩西成。宵中，星虚，以殷仲秋。厥民夷，鸟兽毛毨。申命和叔，宅朔方，曰幽都，平在朔易。日短，星昴，以正仲冬。厥民隩，鸟兽氄毛。帝曰：咨！汝羲暨和，期三百有六旬有六日，以闰月定四时成岁。允厘百工，庶

① 转引自《中国科学技术通史》。

图 23　超新星残骸NGC 6960，又称面纱星云，位于天鹅座。同样位于天鹅座的还有著名的一等亮星天津四

NASA. ESA. Hubble Heritage Team

图24　旋涡星系M74，又称完美螺旋星系，位于双鱼座，其对称的外貌可能由附近星系较为平均的引力相互作用而形成
NASA, ESA, and The Hubble Heritage (STScI/AURA)–ESA/Hubble Collaboration

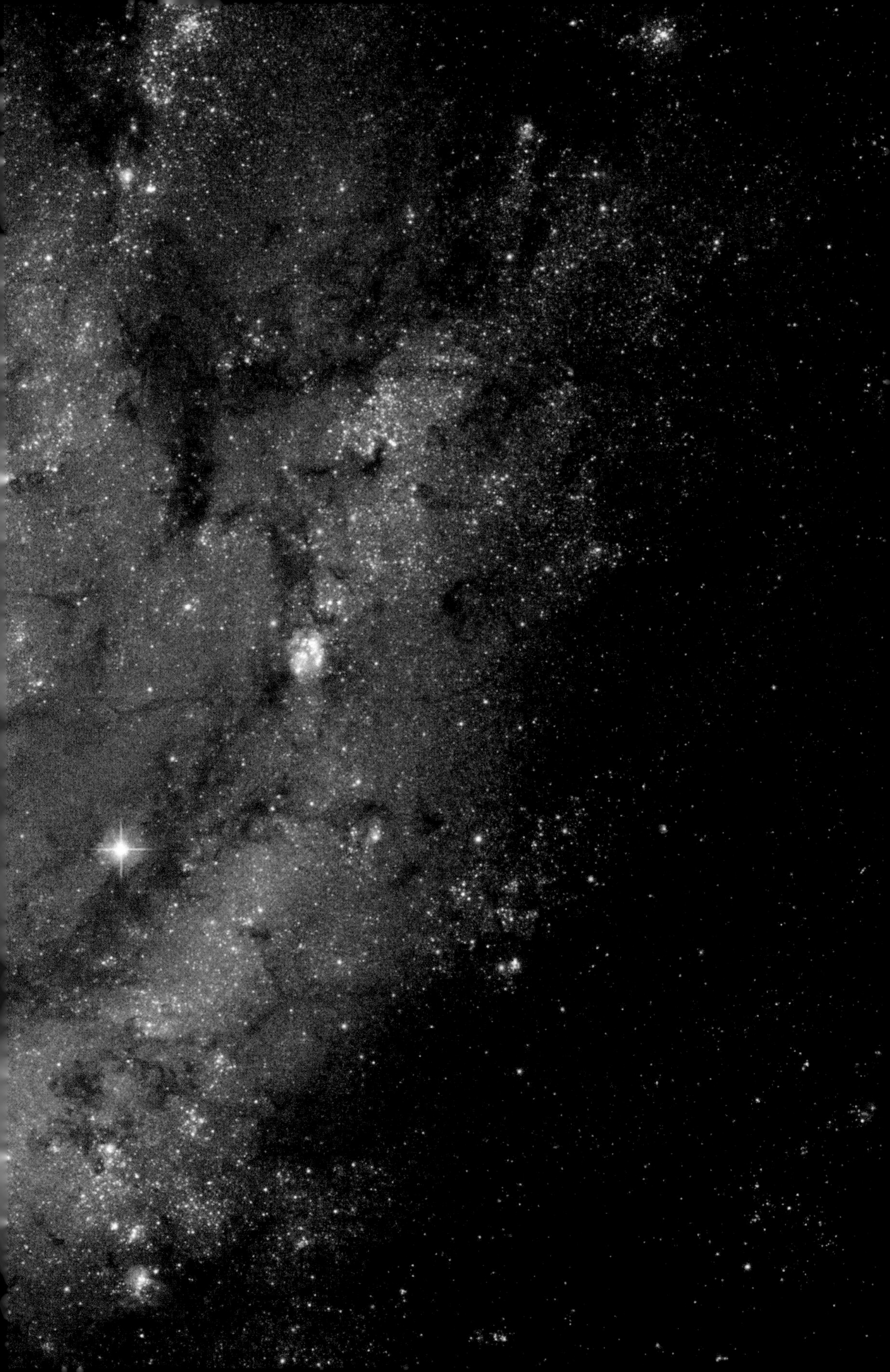

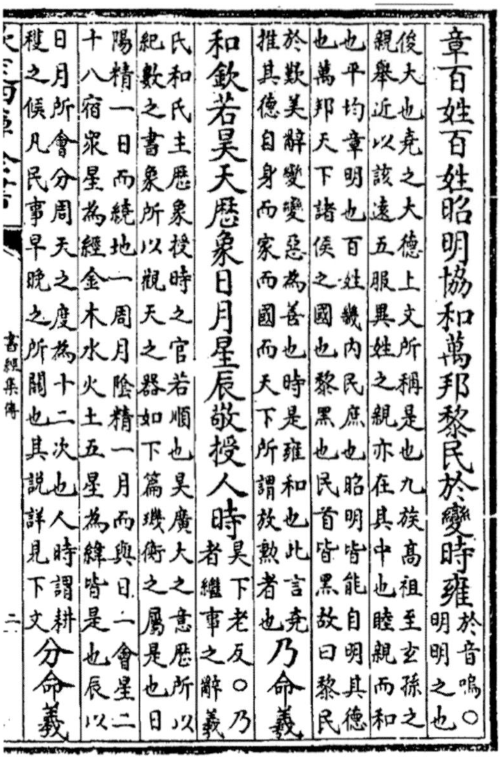
章百姓百姓昭明協和萬邦黎民於變時雍於音烏○明明之也
俊大也堯之大德上文所稱是也九族高祖至玄孫之
親舉近以該遠五服異姓之親亦在其中也睦親而和
也平均章明也百姓畿內民庶也昭明皆能自明其德
也萬邦天下諸侯之國也黎黑也民首皆黑故曰黎民
於歎美辭變變惡為善也時是雍和也此言堯
推其德自身而家而國而天下所謂放勳者也
乃命羲和欽若昊天歷象日月星辰敬授人時昊下老反○乃
者繼事之辭羲
氏和氏主歷象授時之官若順也昊廣大之意歷所以
紀數之書象所以觀天之器如下篇璣衡之屬是也日
陽精一日而繞地一周月陰精一月而與日一會星二
十八宿衆星為經金木水火土五星為緯皆是也辰以
日月所會分周天之度為十二次也人時謂耕
穫之候凡民事早晚之所關也其說詳見下文
分命羲
書經集傳
二

图25 《尚书·尧典》书影

☆知识卡片Knowledge card

《尚书》

《尚书》，也称为《书》，是先秦时代政事文献的汇编，内容以上古及夏、商、周的君王、重臣进行宣示布告的讲话记录为主。《尚书》早于儒家出现，本与儒家无关，但后世儒家将其追认为儒家经典，并列入十三经之一。

绩咸熙。”

这段话的大意是帝尧曾任命羲仲、羲叔、和仲、和叔四位官员，合称“羲和”，负责观天象，定时节等职务。其中与天象直接相关的字句有“日中，星鸟，以殷仲春”“日永，星火，以正仲夏”“宵中，星虚，以殷仲秋”，以及“日短，星昴，以正仲冬”。

虽然文中未给出更多细节，比如这些星象是在何时何地以何种方法观测而得，但学界普遍认为这是在二分二至前后（四仲）的黄昏时刻于中原地区观察正南方星象（中星）得到的结果，是谓“四仲中星”：在春分前后，昼夜基本等长，此时日落后在正南方天空中出现的星象是“鸟”（日中，星鸟，以殷仲春）；在夏至前后，昼最长夜最短，这段时间的日落后在南方天空闪耀的星象是“火”（日永，星火，以正仲夏）；在秋分前后，昼夜归于相等，这时日落之后在正南方出现的星象是“虚”（宵中，星虚，以殷仲秋）；而在冬至前后，昼最短夜最长，此时日落后的正南方天空的星象是“昴”（日短，星昴，以正仲冬）。

“鸟”“火”“虚”“昴”四种星象均有其具体对应的天体。经过考据，现在较为确定的是“火”“虚”“昴”三者的对应天体。“火”即大火星，对应现在的心宿二（天蝎座 α）。“虚”和“昴”的名称在后世文献中均有沿用，在二十八宿中也有二者的一席之地。现在，我们可以基本确定“虚”和“昴”分别在虚宿（位于宝瓶座内）和昴宿（位于金牛座）的范围内，更确切地讲，它们应该指代的是虚宿一和昴星团[①]。

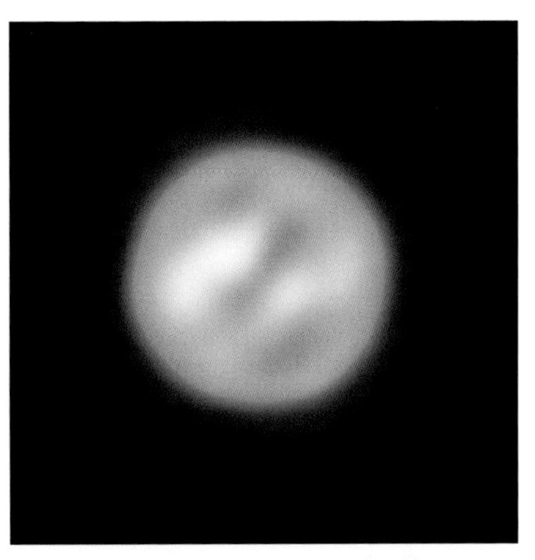

图 26　位于天蝎座的大火星(心宿二)

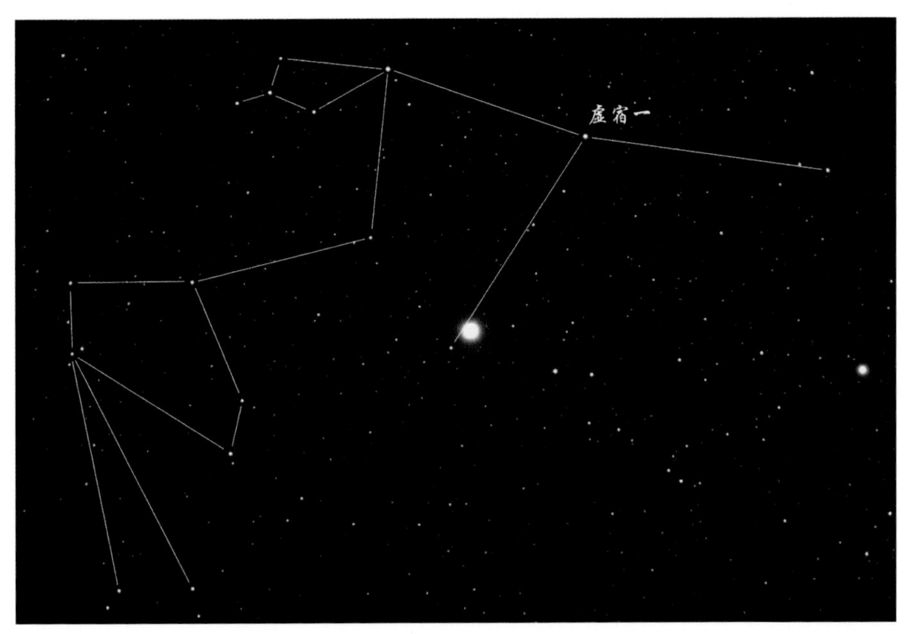

图 27　宝瓶座与虚宿一，画面中央的亮星是木星

① 昴星团是疏散星团，肉眼可见 6～7 颗亮度约 3～4 等的恒星在天空中紧密排布。

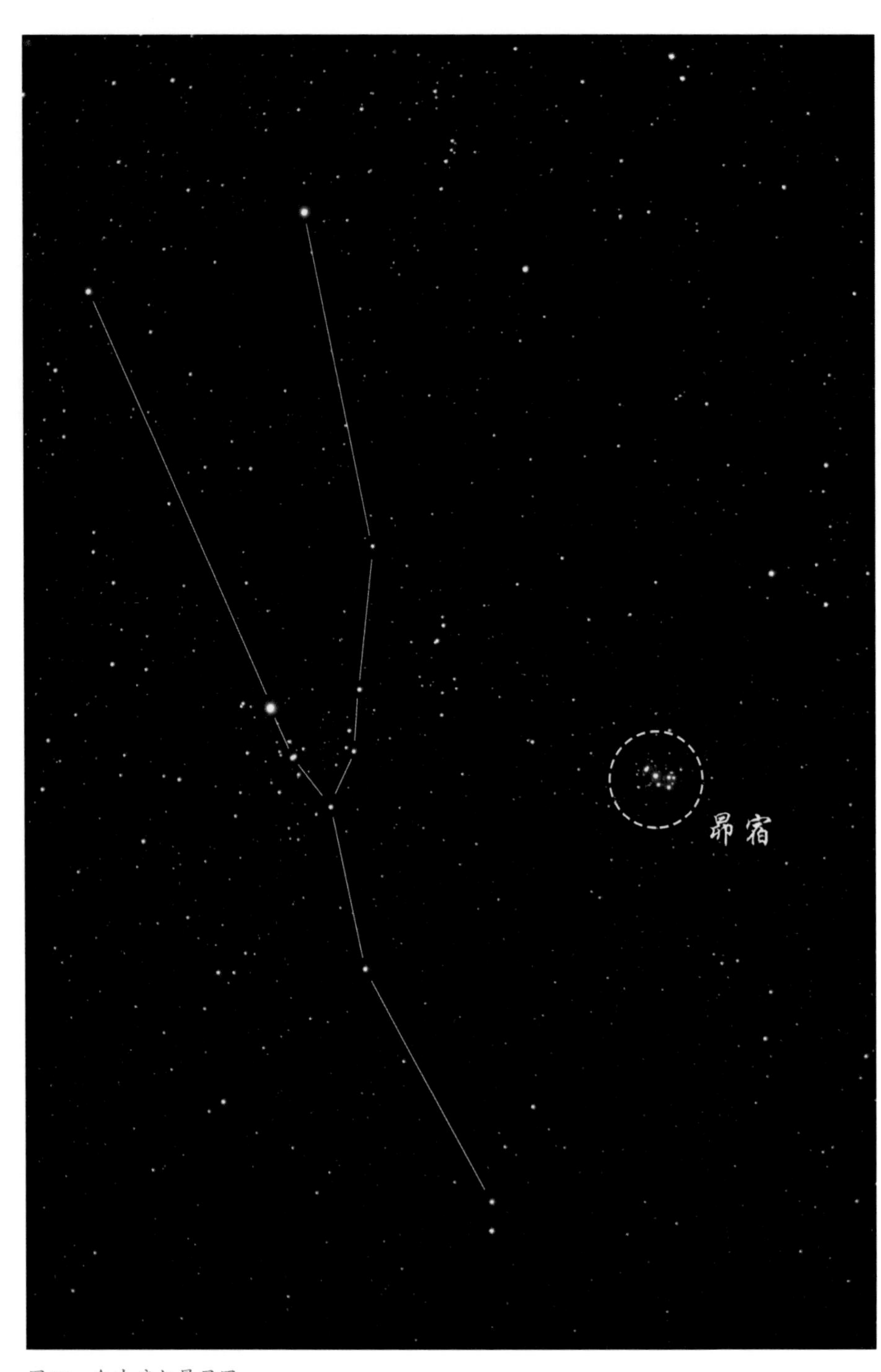

图28　金牛座与昴星团

后世的二十八宿中并没有鸟宿，因此“鸟”这个星象具体指代的天体尚且存疑。但根据其余三星的位置，我们可以推断“鸟”应在南方朱雀七宿之中。有学者进一步推断，它最可能处于南方七宿中央的星宿（位于长蛇座）中，可能是星宿一（长蛇座 α）。

目前认为“四仲中星”天象是公元前 21 世纪前后观测所得，确定了四仲中星后，先民就能很直观地通过星空变化得知季节变迁，正如《尧典》中描述的，通过天上的星象确定二分二至，是谓“观象授时”。

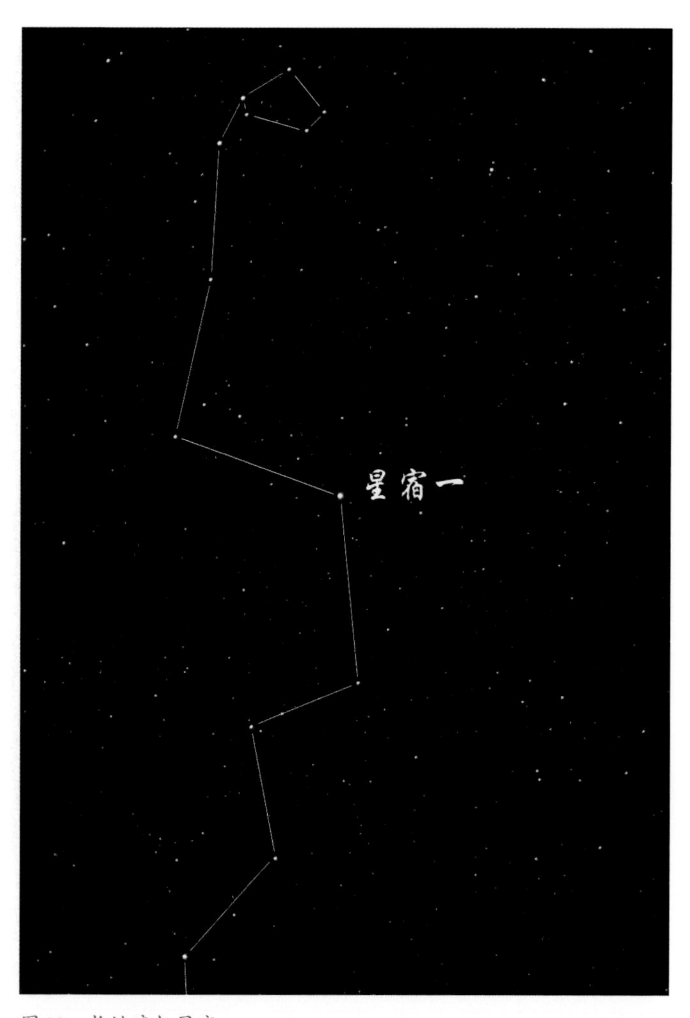

图 29　长蛇座与星宿一

图30　旋涡星系NGC 3717，位于长蛇座
ESA/Hubble & NASA, D. Rosario

四仲中星实际上属于中星观测当中的“昏中星”，与之对应的有“旦中星”。昏中星与旦中星指的是在黄昏（昏）以及黎明（旦）时刻位于天空正南方子午圈的星象。

在《礼记·月令》中，详细记载了一年12个月中每个月初或月半太阳所在位置，以及当时的昏中星与旦中星，说明此时利用中星星象确定时节的方法得到了进一步细化。比如，“孟春之月，日在营室，昏参中，旦尾中”，就表示在孟春月（相当于现在的立春到惊蛰），太阳会经过营室（即室宿，位于飞马座），同时在这个月能看到参宿（位于猎户座）在黄昏前后上中天，而在黎明前后能看到尾宿（位于天蝎座）上中天。这组天象应为公元前7世纪前后观测获得（陈遵妫，1984：494）。

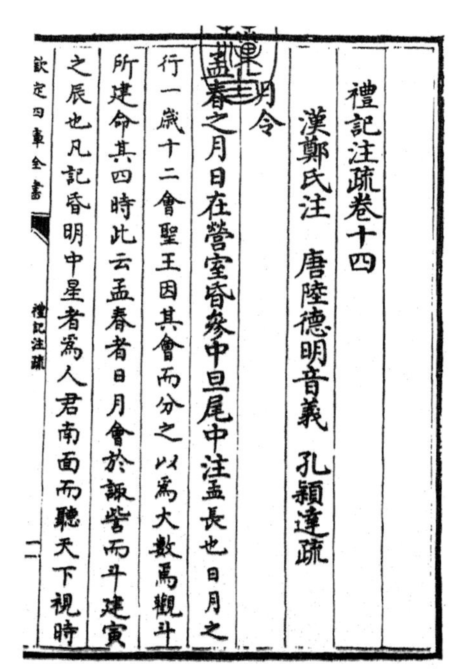
禮記注疏卷十四
漢鄭氏注　唐陸德明音義　孔穎達疏
月令
孟春之月日在營室昏參中旦尾中注孟長也日月之
行一歲十二會聖王因其會而分之以為大數焉觀斗
所建命其四時此云孟春者日月會於諏訾而斗建寅
之辰也凡記昏明中星者為人君南面而聽天下視時
欽定四庫全書　禮記注疏

图31 《礼记·月令》书影

知识卡片 Knowledge card

《礼记》

儒家经典之一，是孔子学生及战国时期儒家学者解说《礼经》和“礼学”的文集。

中天

中天指天体位于子午圈上。由于天体周日视运动（即星星东升西落的现象），所有天体都会在一天内经过两次子午圈，即过两次中天，其中靠近南方的一次中天为上中天，靠近北方的一次中天为下中天。恒显星的两次中天都发生在地平线上，其余天体仅可见上中天，下中天时位于地平线下不可见。

✩ 行星动态：特立独行的五颗“游星”

不难看出在古代天文学时期人们对恒星的认识已经相当深刻。天空中能用肉眼观测到的除了不会移动的恒星，还有五颗会移动的天体——五大行星。古埃及人将五大行星称为“不知疲倦的星星”（stars that know no rest）（Deyoung, 2000: 475—508）；古代美索不达米亚人把五大行星连同太阳月亮合称为“毕布”（bibbu），意为“游荡的绵羊”。在古代中国的先秦时期，五大行星的独立称谓已经出现了，如岁星（木星）、镇星/填星（土星）、荧惑（火星）、太白（金星）和辰星（水星）。

在公元前三千纪（公元前 30 世纪—前 21 世纪）早期，古代美索不达米亚南部城市乌鲁克（Uruk）曾举行过一种仪式。仪式与当时广受崇拜的女神伊南娜（Inanna）有关。伊南娜既是夜晚之神又是清晨之神。苏美尔人认为她是金星的化身，这也对应了金星有时会在日落后出现成为昏星，有时则在日出前出现成为晨星的天文现象。

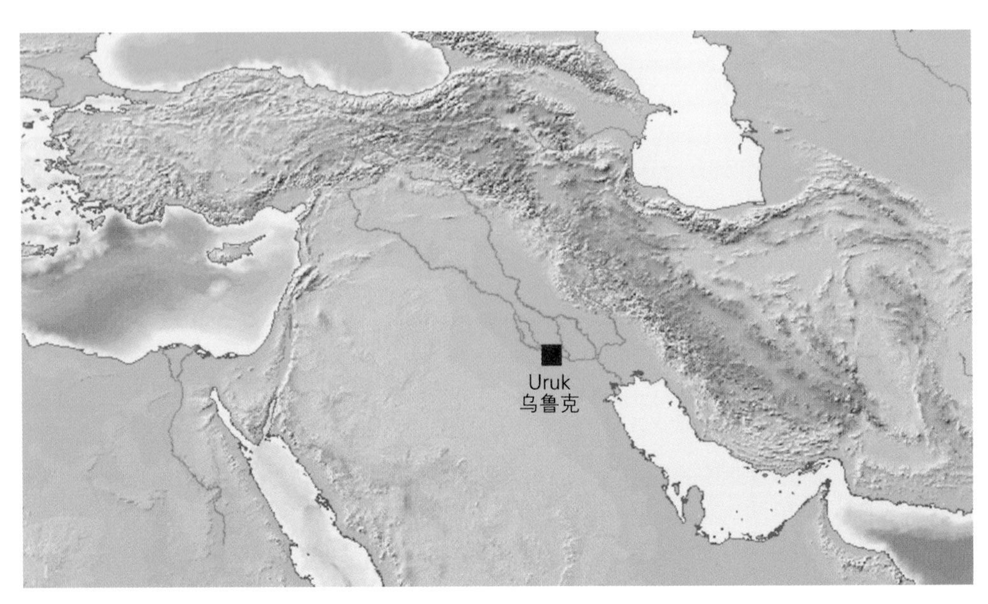

图 32　乌鲁克位于两河流域下游

图33　旋涡星系NGC 7331，位于飞马座
ESA/Hubble & NASA/D. Milisavljevic (Purdue University)

知识卡片Knowledge card

乌鲁克

乌鲁克是美索不达米亚西南部苏美尔人的一座古代城市，为苏美尔与后期巴比伦尼亚的城邦之一。乌鲁克位于幼发拉底河东岸，距现在的伊拉克穆萨纳省萨玛沃镇约 30 千米。乌鲁克在公元前 30 世纪左右最为兴盛，6 平方千米的主城区内有超过 5 万名居民，是当时世界上最大的城市。

图 34　金星只要出现在夜空中，就是最耀眼的存在

只有在掌握金星运动规律的情况下，苏美尔人才有可能推导出所谓的晨星和昏星实际上都是金星。相比之下，欧洲人得出这个结论已经是两千年以后的事情了①。

同在美索不达米亚的巴比伦人则在他们的观测记录中提到了更具体的行星视运动状态。巴比伦天文学家对行星的观测可以分为两类。一类是对行星从某颗特定恒星附近经过时的记录，另一类是行星自身运动状态的记录。巴比伦天文学家在持续的观察中注意到所有行星在大部分时间里会自西向东穿过背景恒星，这样的运动为顺行；在小部分时间行星会出现反方向运动——自东向西穿过背景恒星，为逆行。在行星从顺行转为逆行，以及从逆行转为顺行时，还会出现“留”的现象，此时行星和背景恒星相对静止，看上去就像停止了运动。

在古代中国，对于行星的关注还催生了一种利用行星位置标记年份的方式——岁星纪年。五颗行星中，水星和金星距离太阳较近，时常被太阳的光芒掩盖，只有火星、木星和土星能够整夜可见，而在这三颗星之中，木星的亮度是最亮且最稳定的。经过长期观察，在春秋时期人们发现木星大约每 12 年就会回到原来的星空背景中，遂将木星行经的星空分为 12 部分，将每一部分都分别命名，称为“十二次”，这样就可以通过记录木星所在星次进行纪年。

知识卡片Knowledge card

行星视运动

行星视运动指在地球上观察到的行星相对背景恒星的运动。由于地球本身也在绕太阳公转，行星视运动实际上并不能反映行星在空间当中的真实运动状态。

《国语》

《国语》为春秋末期史学家左丘明所作，记录了周王室以及鲁国、齐国、郑国、楚国、吴国、越国等诸侯国的历史，被看作是中国国别史鼻祖。

十二次

十二次规定冬至点所在次为星纪，冬至点位于星纪正中，从星纪向东依次为玄枵（xiāo）、娵（jū）訾（zī）、降娄、大梁、实沈、鹑首、鹑火、鹑尾、寿星、大火、析（xī）木。

① 这一殊荣一般被归功于萨摩斯岛的毕达哥拉斯。

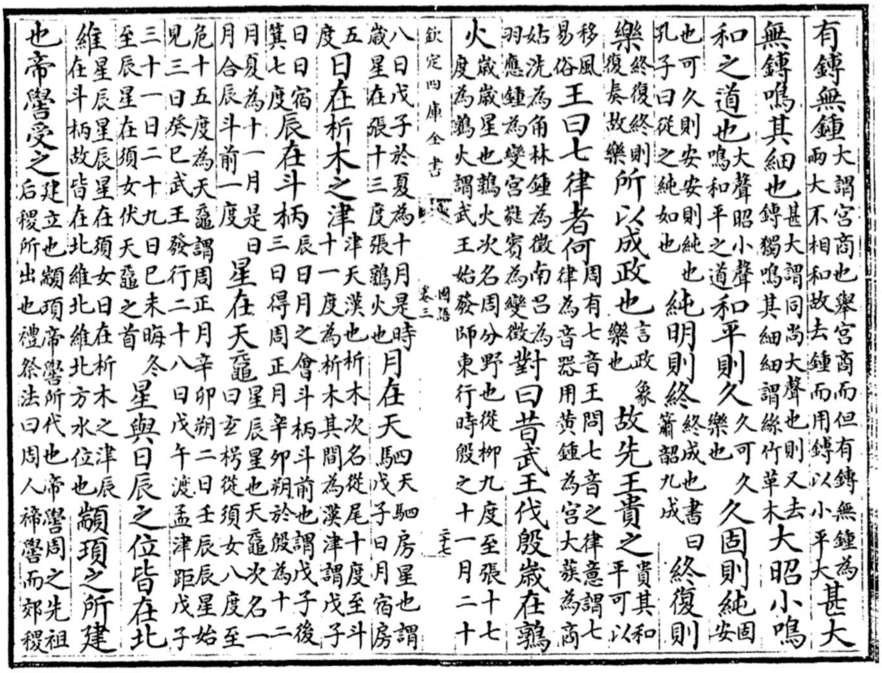

有鎛無鍾大謂宮商也衆宮商而但有鎛無鍾爲而大不相和故去鍾而用鎛以小平大甚大無鎛鳴其細也甚大謂同尚大聲也則又去鎛獨鳴其細細謂絲竹革木大昭小鳴和之道也大聲昭小聲鳴和平之道和平則久久可久樂也久固則純固安也可久則安安則純也孔子曰從之純如也純明則終終成也書曰簫韶九成終復則樂終復終則復奏故樂所以成政也言政象樂也故先王貴之貴其和平可以移風易俗王曰七律者何周有七音王問七音之律意謂七律爲音器用黃鍾爲宮大蔟爲商姑洗爲角林鍾爲徵南呂爲羽應鍾爲變宮蕤賓爲變徵對曰昔武王伐殷歲在鶉火歲歲星也鶉火次名周分野也從柳九度至張十七度爲鶉火謂武王始發師東行時殷之十一月二十

八日戊子於夏爲十月是時歲星在張十三度張鶉火也月在天駟天駟房星也謂戊子日月宿房五度日在析木之津津天漢也析木次名從尾十度至斗十一度爲析木其間爲漢津謂戊子日日宿箕七度辰在斗柄辰日月之會斗柄斗前也謂戊子後三日得周正月辛卯朔於殷爲十二月夏爲十一月是日月合辰斗前一度星在天黿星辰星也天黿次名一曰玄枵從須女八度至危十五度爲天黿謂周正月辛卯朔二日壬辰辰星始見三日癸巳武王發行二十八日戊午渡孟津距戊子三十一日二十九日己未晦冬至辰星在須女伏天黿之首星與日辰之位皆在北維星辰星在須女日在析木之津辰在斗柄故皆在北維北維北方水位也顓頊之所建也帝嚳受之建立也顓頊帝嚳所代也帝嚳周之先祖后稷所出也禮祭法曰周人禘嚳而郊稷

图 35 《国语·周语下》书影

《国语·周语下》载有："昔武王伐殷，岁在鹑火，月在天驷，日在析木之津，辰在斗柄，星在天鼋。星与日辰之位，皆在北维。"这段话描述了周武王伐纣期间曾经出现的各种天象，其中的鹑火、析木就属于"十二次"，"岁在鹑火"即此时岁星（木星）在鹑火星次。

✩ 《诗经》中的日食：特殊天象记录

日食、月食、流星雨、彗星等特殊天象，即使是在现在，也总能引发大家的关注。太阳和月亮是地球上能看到的最为明亮的两大天体，它们的外观变化常见于历史文本中，从古代美索不达米亚与古代中国留下

图36　日全食

的天象记录中可见一斑①。

中国现存的系统的日食记录可以追溯到春秋时期。《春秋》记述了鲁国历史当中的37次日食。中国古代记录日食时常用的术语叫“日有食之”，这个术语最早出现在《诗经·小雅·十月之交》：“十月之交，朔月辛卯，日有食之，亦孔之丑。彼月而微，此日而微，今此下民，亦孔之哀……彼月而食，则维其常。此日而食，于何不臧……”

其实在《诗经》记录日食之前，还有不少被认为是早期日食记录的文本，其中包括一些甲骨卜辞。但一方面由于其年代久远，文献古奥；另一方面古人记录简略，缺少观测地点与具体的食分等信息，给现代学者证认古代日食带来了困难，也产生了一些争议。

---

① 从现有的文献来看，古埃及人似乎并不热衷于记录日月食，个中原因不得而知。

同治十年重刊

亦在此者詩體本是歌誦口相傳授遭秦滅學之後衆儒不知其次齊韓之徒以詩經而為章句與毛異耳非有壁中舊本可得憑據或見毛次於此故同之焉不然將詩次第不知誰為之

十月之交朔日辛卯日有食之亦孔之醜【傳】之交日月之交會醜惡也【箋】云周之十月夏之八月也八月朔日日月交會而日食陰侵陽臣侵君之象日辰之義日為君辰為臣辛金也卯木也又以卯侵辛故甚惡也彼月而微此日而微【傳】月臣道日君道【箋】云微謂不明也彼月則有微今此日反微非其常為異尤大也今此下民亦孔之哀【箋】云君臣失道災害將起故下民亦甚可哀【音義】夏户雅反【疏】正義曰毛以為幽王之時正在周之十月夏之八月日月之交會朔日辛卯之日以

图 37　古籍中的《诗经·小雅·十月之交》

知识卡片Knowledge card

食分

食分指日月食发生时交食的深浅程度，食分越大，日月食越明显。日偏食、月偏食的最大食分小于 1；日全食、月全食的最大食分大于 1；日环食的最大食分小于 1，但和 1 非常接近。

就拿《诗经》中的日食来说，文献中明确记载了有日食发生，发生时间是十月的辛卯日，而且在此次日食前不久还发生了一次月食（彼月而食）。基于这一系列条件，研究者推算出两个候选日期，一个是公元前 776 年（周幽王六年）9 月 6 日，一个是公元前 735 年（周平王三十六年）11 月 30 日，两个年份在日食之前均有月食发生。但周幽王六年时西周都城在镐京，而此次日食的可见区域不包括镐京；而周平王三十六年时的历史背景与《诗经·小雅·十月之交》中所描述的不符（刘次沅，周晓陆，2002），例如诗中描述了只有大地震时才可能出现的景象，类似的记载在《国语》《史记》中也有出现，其中《国语》显示这是在幽王二年发生的地震。《诗经》中记载的这一次日食究竟对应何时的天象，还有待进一步的研究。

✩ 沙罗周期：日月食背后的规律

在《诗经》写就的同一时代，美索不达米亚地区的先民悄然开展了可能是人类历史上第一次系统的观测活动。现存的相关文献被现代研究者称作“天文日志”，目前已发现超过一千片天文日志的碎片，大约占已知的所有巴比伦天文学文献的四分之一。

图38　现存的天文日志碎片

学界认为巴比伦的天文学家可能最早于公元前750年前后就开始了每晚持续不断的观测，直到公元1世纪，跨度达800年之久。

研究者对这些楔形文字写就的记录进行解读后，发现每一篇日志涵盖的时间跨度超过半年，每个月的记录为一小节。记录中出现最多的天体是月球，也有对行星的观测，甚至还有对彗星和流星的记录。这些日志当中，一次典型的日食或月食记录就包含了以下信息：交食开始的时间；交食的持续时间；食分的大小；交食期间天体的颜色；交食过程中阴影区的移动路径；交食发生时月球的位置；交食过程中可见的恒星和行星；交食过程中的风向（Ruggles, 2015: 1857）。拥有如此细致入微的观测记录作为研究基础，巴比伦天文学家发现交食规律几乎可以说是必然的事情。

巴比伦天文学家在整理月食记录时，发现了日月交食的18年周期的规律。此外他们还发现，两次连续交食之间的间隔[①]大部分是6个朔望月，偶尔是5个朔望月，平均间隔约5.8684月。

以月食为例，日月交食的18年周期可换算为223个朔望月，巴比伦人假设这223个朔望月中有x次月食是发生在前一次的6个月以后，有y次月食发生在前一次的5个月后，这样就可以列方程$6x + 5y = 223$，由于x和y必须是正整数，且x应远大于y，那么最符合要求的解是$x = 33$，$y = 5$，这表示在223个月内有38次可能的月食[②]。结合已有的观测记录，巴比伦天文学家就有能力预测未来的月食了。

① 即两次日食/两次月食之间的间隔。

② 你可以认为在两千多年前的巴比伦天文学家已经懂得如何求解二元一次不定方程。

图39　日全食的全食阶段由于太阳光球被完全遮挡，部分亮星会变得可见

知识卡片Knowledge card

六十进制

我们日常使用的十进制计数法中，相邻两个数位相差10倍，即相同的数字向左移动一位，其数值会变成原来的十倍（如10和1）；向右移动一位，数值则变为原来的十分之一（如1和0.1）。巴比伦天文学家使用六十进制计数法，即相邻的两个数位相差60倍，数位之间用逗号表示，如“1，0，0”和“1，0”换算为十进制分别是3600和60，前者是后者的60倍。整数与分数（不足1的部分）之间用分号表示，相当于十进制中的小数点。

上文中提到的两次连续交食之间的平均间隔，在巴比伦天文学家的原始记录中写为“5；52，6，18”月，即5个1加上52个1/60，再加上6个$1/60^2$，最后加上18个$1/60^3$，用十进制表示，约为5.8684个月。

朔望月

朔望月指月球在绕地球公转过程中的月相盈亏周期，一个朔望月的平均长度约为29.5306天。

图 40　月光下的双子座流星，摄于广东韶关新丰

✩ 历法：记录时间流逝

随着社会不断发展，人类需要知晓时间的场景愈发丰富[①]，不再局限在农业生产上。此时原始的观象授时已经不能满足人们日益增加的授时需要，于是历法应运而生。历法可以看作是人类为系统记录时间流逝发明的一种记时规则。各文明的历法虽不尽相同，但都不约而同参考了三种与天体相关的周期：年（地球公转）、月（月相盈亏）、日（地球自转）。

在古埃及，人们发现天狼星两次偕日升之间的间隔大约是 365 又 1/4 天。古埃及常用的民用历（civilcal-endar）根据天狼星的偕日升周期将一个历年的长度固定为 365 天。

古埃及的一年又可分为三季，分别是洪水季、播种季和丰收季。从名字就能看出，这种一年三季的划分方式最早与农耕密切相关。洪水季时尼罗河泛滥，部分土地被淹没，而随着洪水退去土地露出水面，便是播种庄稼的时节，最后庄稼成熟，迎来丰收季。后来，古埃及的民用历规定，一年三季，每季共四个月，每月被平分成 3 个 10 天，这样一年就有 12 个月，36 个“旬”，正好和前文中的 36 旬星一一对应。36 个“旬”只是覆盖了一个历年中的 360 天，古埃及人将剩余的 5 天安排在一年年末，作为献给诸神的庆典日，补齐完整的一年——365 天。

> ☆ 知识卡片Knowledge card
>
> **偕日升**
>
> 偕日升，指一个天体在日出前恰好摆脱晨光影响从而被观测到的现象。此时由于天光持续增亮，天体短暂出现后又会重新被晨光淹没。偕日升之后的天体在日出前的出现时间会越来越长，观测条件逐渐转好。中国古代形容该现象的术语为“晨始见”。

而在古代美索不达米亚地区的民用历法中，一个月是 29 天或 30 天，且一个月的起点与月球的出没有关：在一个月的第 30 天时，如果在日落

① 比如什么时候放假。

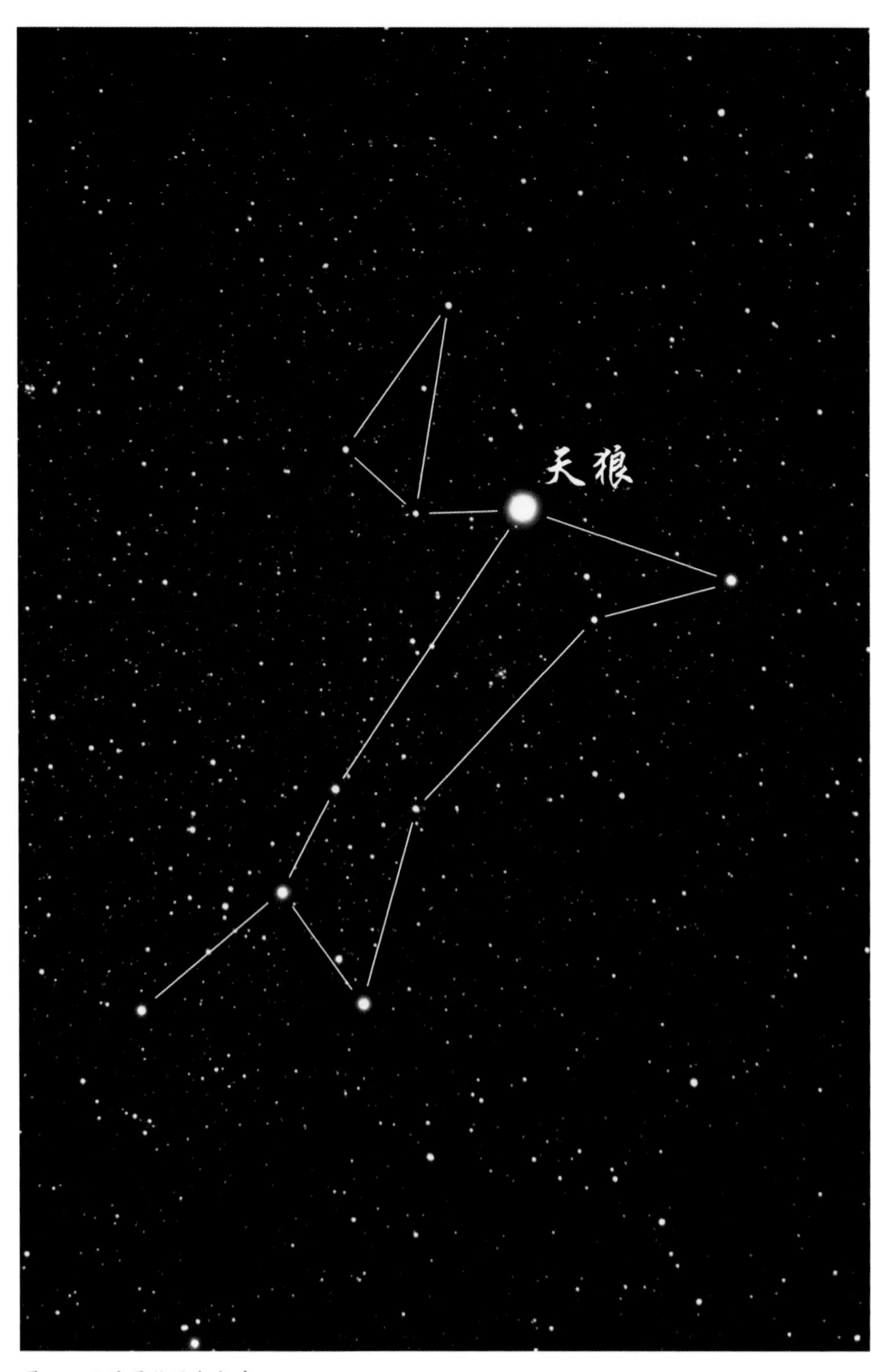

图41　天狼星位于大犬座

图42 日落后第一次看到的蛾眉月

后能看到蛾眉月，那么这天应该看作是下个月的第1天；如果日落后没有看到蛾眉月①，那么这天的后一天才是下个月的第1天。在这种规则下，一个月的长度相当于一个朔望月。

民用历的一年有12个朔望月，约合354或355天，与太阳绕黄道一周的时间相比要短大约10天。因此，每隔一段时间，这种历法就需要插入一个月，以确保历法与季节同步。这种插入额外月份的方法也就是我们常说的“置闰”。在公元前二千纪（公元前20世纪到公元前11世纪）时，统治美索不达米亚的国王往往还需要亲自做出何时置闰的决定。人为置闰有很大的主观性，假如国王希望延长本年度，就可以插入一个闰月；反之当国王希望这一年早点结束时，就可能会拒绝置闰。因此置闰推迟、取消或者提前、加长的情况时有发生，在一定程度上也造成了当时历法的混乱。到公元前一千纪（公元前10世纪至公元前1世纪）时，

① 包括主观上的没看到（观测失误、天气状况差等），和客观上的没看到（即蛾眉月的确没有在第30天出现）；但该历法中一个月最多只有30天。

置闰渐趋规范，形成了一套规则。

现有考古证据显示，在公元前5世纪前后，民用历中已经出现了一种周期为19年的置闰规则：因为19个回归年与235个朔望月的时长几乎相同，即我们需要在19个历年（即历法上的年份）中插入7个闰月以确保历年与回归年相等。如今这一置闰周期被我们称为“默冬章”。

与美索不达米亚历法相似，在公元前6世纪初，古代中国的历法中已经出现在19年间插入7个闰月的做法（陈遵妫，1984：72）。

我国农历是一种阴阳历，即编历时需要兼顾太阳与月亮的运动。这种阴阳合历的传统，至晚在殷商时期（公元前14世纪—前11世纪）就已经出现。根据甲骨文的有关卜辞，当时的一个月有大月和小月之分，大月30天，小月29天，偶有连大月出现。这说明当时一个月的长度是以朔望月为标准。此外还有平年和闰年的分别，平年有12个月，闰年有13个月，偶尔还有一年14个月乃至15个月的记载（张培瑜，2008：12）。这说明当时人们虽已经有了置闰的意识，但尚未完全掌握其具体规律。

《尚书·尧典》中有“期三百有六旬有六日，以闰月定四时成岁”的说法。目前学界认为《尧典》的成书年代不早于东周，但书中所述内容有可能来自更早的年代。这说明，在华夏文明的早期（如三皇五帝时期）可能实行过一种一年366天的历法，且这种历法已经考虑到兼顾日月运动而采用了置闰的方法，来调和历法与季节的相对关系，以更好地指导人民的生活生产秩序。

在古代中国历法中，还有一套方

知识卡片Knowledge card

默冬章

过去认为希腊天文学家默冬（Meton of Athens）于公元前432年首先发现了月相与回归年的19年周期，因此将这一周期以他的名字进行命名。实际上巴比伦与中国的天文学家也独立做出了这一发现，且年代可能略早于默冬。在中国，19年周期又称为“章”。

现行农历的置闰规则

两次冬至间如有12个完整农历月，则取12个农历月中第一个无中气之月，将其重复一次。重复的这一个农历月，以其前一个农历月的名称前加“闰”字的方法命名。

图43　农历初三的蛾眉月，摄于广州大学城

法来表示一年中的某一天，即干支纪日法。干支分为天干和地支，其中天干共十个：甲、乙、丙、丁、戊、己、庚、辛、壬、癸；地支十二个：子、丑、寅、卯、辰、巳、午、未、申、酉、戌、亥。十天干与十二地支依次组合，就能整合成六十干支。

利用六十干支，就可以形成一套以 60 天为周期的干支纪日法，如：第一天记为“甲子日”，第二天为“乙丑日”……第五十九天为“壬戌日”，第六十天为“癸亥日”，完成一次循环。第六十一天则是下一个循环的“甲子日”。

从殷墟出土的甲骨文表明，至晚在公元前 13 世纪，即商代晚期时，干支

☆知识卡片Knowledge card

历法的种类

历法可分为阳历、阴历与阴阳历。阳历指编历时仅考虑太阳运动，如古埃及的民用历与现行公历；阴历在编历时仅考虑月球运动，如伊斯兰历；阴阳历在编历时会兼顾考虑太阳和月球运动，在适当的位置插入闰月以调和两者，如古代美索不达米亚的民用历法以及古代中国历法。阴历与阴阳历的一个特点是可以根据日期推断月相，也可以根据月相倒推当天的日期。

表1　六十干支

1	2	3	4	5	6	7	8	9	10
甲子	乙丑	丙寅	丁卯	戊辰	己巳	庚午	辛未	壬申	癸酉
11	12	13	14	15	16	17	18	19	20
甲戌	乙亥	丙子	丁丑	戊寅	己卯	庚辰	辛巳	壬午	癸未
21	22	23	24	25	26	27	28	29	30
甲申	乙酉	丙戌	丁亥	戊子	己丑	庚寅	辛卯	壬辰	癸巳
31	32	33	34	35	36	37	38	39	40
甲午	乙未	丙申	丁酉	戊戌	己亥	庚子	辛丑	壬寅	癸卯
41	42	43	44	45	46	47	48	49	50
甲辰	乙巳	丙午	丁未	戊申	己酉	庚戌	辛亥	壬子	癸丑
51	52	53	54	55	56	57	58	59	60
甲寅	乙卯	丙辰	丁巳	戊午	己未	庚申	辛酉	壬戌	癸亥

就已被普遍应用在日常的纪日当中（常玉芝，1998：88）。目前学界一般默认干支纪日从应用之日起就不曾中断，并连续应用至今。现在我们在某些日历上仍然可以看到干支纪日法的身影：例如2022年元旦就是甲寅日，60天后的3月2日也是甲寅日。干支纪日这种连续不断的特性让我们在推断、确定古代日期时有了相对明确的参考系。

✩ 星占起源：天与人的关系

人类最初产生观察天空的念头，一方面是好奇心使然，另一方面则是生活所迫——是否掌握天文知识，有时候甚至会攸关性命①。但从世界范围来看，当时间来到公元前一千纪，各文明所掌握的天文知识似乎已远远超出农耕或导航的需要。

在所有天体中，太阳对于农业的影响最为重要，但也只有太阳能够对农业收成产生决定性的影响，很难想象预测月食何时发生是为了来年有更好的收成②。我们可以利用天上的恒星辨别方向，是因为恒星出没具有规律，且它们的相对位置不会改变。相比之下，行星会在背景恒星间不断运动，还具有逆行现象，持续观测行星的动态显然不是为了辨认方向。

为什么古人想方设法要获取这些看似对生产生活没有帮助的天文信息呢？这是因为在科学发展尚未达到一定程度的古代，人们的脑海中有一种朴素的观念，认为天上的变化将会影响地下的万事万物。就像太阳能够影响收成，恒星能够引领方向，那么，别的天体是否也在其他方面对人间发挥着影响呢？

这样的念头驱使着古人开始尝试把不同的天象与人间的事件建立联系，进而发展出一套理论体系。这样一套理论体系便是所谓的星占学

① 比如迷路。

② 不排除当时真的有人认为月食与农业收成有关。

图44　古代人航海时常利用南十字座辨识方向

(Astrology)。现在我们认为，星占学是迷信，而天文学则是科学，它们两者从根本上就不相同。然而在很长一段时期的历史上，星占学家和天文学家其实是相同的一群人。

天体的运动具有规律，这意味着大部分的天象也具有规律。彼时的星占学家们认为，一旦掌握了天体运动的规律，就能预测天象，而天象则对应着人间的某种事件，预测天象就相当于预测未来。

在古代美索不达米亚，人们认为月食是最不祥的天象之一，常被看作是瘟疫、战争、灾荒的前兆，有时甚至预示着国王的死亡。但古代美索不达米亚的星占家们认为天象反映的仅仅是一种前兆，是“神”在做出提示，并不意味着灾祸必然发生，如果及时举行某种仪式，就可以避免灾祸真正降临。比如当极为不祥的月食发生后，古代美索不达米亚人会给国王找一个替身，顶替他承受“上天的惩罚”。在仪式进行期间，替身将被视为国王，他可以尽情享受国王平日独有的权力。当仪式结束后，国王归位，而替身则会被处死。

在古代中国，类似的“天影响地”的朴素观念也孕育了别具特色的星占理论。但相较于西方“万事前定”的具有宿命色彩的星占学思想基础，中国星占学的思想基础是“天人感应”（江晓原，2014：5），简单说来就是人如何与“天”共处——如何“得天之意、得天之命，如何循天之道、邀天之福（江晓原，2018：1—10）”。

反映帝尧生平事迹的《尚书·尧典》一文中，有超过三分之一的篇幅在记述帝尧安排天文学事务。诚然，合乎农时是农业所必需，观天象方能知农时，但光靠天象知识不能保证有好收成，还得仰仗育种选种、水利灌溉、农具器械等多方因素，为何《尚书·尧典》中只强调观天象呢？可见，古代中国人很早就将“天”放在一个非常特殊的位置，观天之学也早已不仅仅指导农耕，而是和整个社会紧密联系在了一起。正因为古人笃信天象攸关人间祸福，他们对观测、预测天象的重视也就可以理解了。

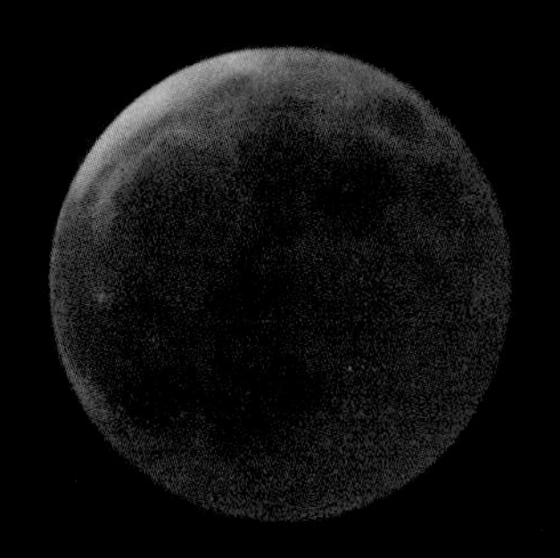

图45　血月，麦德平摄于新疆乌尔禾

NO.3

古希腊天文学：从诗歌到理性

Ancient Greek Astronomy: From Poetry to Logic

图1　波斯天文学家阿卜杜勒-拉赫曼·苏菲于公元964年撰写的《恒星之书》中，首次提到了大小麦哲伦星云，图中为疏散星团NGC 602，位于小麦哲伦星云水蛇座一侧
NASA, ESA and the Hubble Heritage Team (STScI/AURA)-ESA/Hubble Collaboration

图2　疏散星团NGC 346，位于小麦哲伦星云杜鹃座一侧，其中的恒星HD5980是小麦哲伦星云中最亮的恒星
NASA, ESA and A. Nota (ESA/STScI, STScI/AURA)

古希腊天文学，是当我们在讨论天文学的历史时无论如何都绕不开的一环。从传承来看，古希腊天文学吸收了古巴比伦天文学与古埃及天文学的精华，又影响了中世纪尤其是阿拉伯的天文学，是承前启后的存在。古希腊天文学肇始于农业与航海的实际需要，经过一代代哲学先贤的发展，其重心从实用的“观象授时”转变为对宇宙本源以及行星运动的思考。这一转变过程中诞生了许多对后世影响巨大的理论与概念。直到今天，我们在现代天文学中仍然可以找到一些古希腊天文学的遗留，比如“天球”“星等”的概念就来自古希腊学者们的创造。

《工作与时日》：长诗中的天象与历法

早期古希腊天文学的关注点与其他文明并无不同，主要着眼于观测、记录星辰，编订历法等。

长诗《工作与时日》由古希腊诗人赫西俄德编写，被认为是西方历史上第一部现实主义作品。这首诗的主要内容是教导人们如何可以生活得幸福快乐。它同时直观地反映了公元前 8 世纪前后古希腊社会的方方面面，也记录下了当时的人们如何利用天象指导工作生活。

例如，在诗篇第 479—482 行写道：“普勒阿得斯——阿特拉斯的七个女儿在天空出现时，你要开始收割，她们即将消失时，你要开始耕种。她们休息的时间是四十个日日夜夜。当她们在下一年再次露面时，你首先要磨砺你的镰刀。”[①]

这里的“普勒阿得斯”就是前文提及过的昴星团（Pleiades）。这几行诗在天文学上的含义是：随着地球公转，太阳逐渐远离昴星团所在天区，昴星团开始在日出前可见。当昴星团开始摆脱晨光，显现于东方天空中，

---

① 引自张竹明、蒋平译《工作与时日·神谱》，商务印书馆2009年版。

图3　冬小麦一般在9月中下旬至10月上旬播种，翌年5月底至6月中下旬成熟；在我国一般以长城为界，以北大体为春小麦种植区，以南则为冬小麦种植区

此时就是收割的季节。当昴星团向西方地平线落下，即将在夜空中消失的时候，人们就必须开始耕种了。根据天象判断，收割作物的时间是阳历的 5 月初，而播种的时间是每年阳历 11 月。这里赫西俄德所指的农作物应该是冬小麦（Evans, 1998）。

对于身为海洋民族的古希腊人来说，判断何时才是合适的出海时节与掌握农时同样重要。在诗篇第 619—620 行，赫西俄德写道："如果你想要作不舒适的远航……当普勒阿得斯为逃过奥利安的巨大力气躲入重雾的大海时，各种风暴一定开始肆虐。"①

古希腊地处地中海沿岸，是典型的地中海气候，冬季雨量偏多。在阳历 10 月底，当昴星团与猎户座（即奥利安，Orion）在日出之前先后落入西方地平线，就标志着适宜航海的好季节要结束了。

① 引自张竹明、蒋平译《工作与时日·神谱》，商务印书馆2009年版。

☆知识卡片Knowledge card

赫西俄德

赫西俄德是荷马之后的古希腊诗人，他的活跃与创作年代大约在公元前8世纪上半叶[①]。根据《工作与时日》当中透露的信息，赫西俄德的父亲原本居住在小亚细亚半岛（Asia Minor Peninsula）上的伊奥尼亚（Ionia）殖民地库麦（Cyme），后迁居到维奥蒂亚洲（Boeotia）的阿斯克拉（Ascra）村，并生下赫西俄德与佩耳塞斯（Perses）两兄弟。父亲去世后，两兄弟因为遗产问题发生争执，佩耳塞斯想方设法希望拿到更多的遗产。在这样一个背景下赫西俄德创作了长诗《工作与时日》，以此训诫兄弟，劝谕世人。

图4 赫西俄德

赫西俄德把天象的出现与农事进行对应，实际上是描述了一套农时历法，这套历法对于农业生产而言有很好的指导作用。而同样在《工作与时日》中，赫西俄德还指出了每个月中不同日子的吉凶宜忌[①]，比如在诗篇769—774行，他写道："首先，每月的第一、第四、第七天皆是神圣之日。第七天是勒托生下佩带金剑的阿波罗的日子。第八、第九天——上旬里至少这两天是特别有利于人类劳动的。十一日和十二日两天都是好日子，无论用于剪羊毛，还是用来收获喜人的果实……"这表明此时古希腊已经诞生了我们通常意义上的使用年月日记录日期的历法系统。这段时期的古希腊并不是完整的一个国家，各个城邦各自为政，因此每个城邦使用的历法都不尽相同，主要体现在一年的起点，对日子的称呼，月份的命名，等等[②]。例如雅典会将每年第一个月放在夏至日后，而马其顿的每年第一个月在秋分日后。

① 类似中国人的黄历。

② 引用自许明贤、吴忠超译《时间简史》，湖南科学技术出版社2001年版，第142—146页。

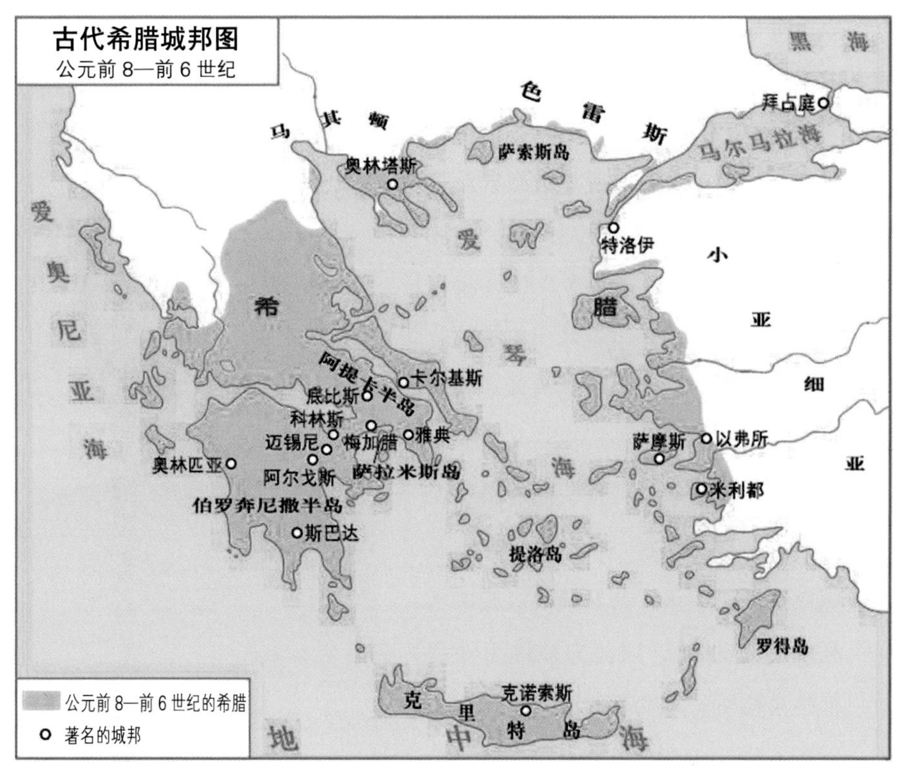

图5　公元前8世纪时古希腊城邦分布图

古希腊历法中一个月有29或30天，绝大多数城邦会将一个月分为上中下三旬，一个月的最后一天不论是第29还是第30天，都会称为“第30天”，而雅典将这一天称为“旧与新（日）”；古希腊各城邦虽然使用的都是阴阳历，但大家的置闰方式并不统一，有些城邦会出于某种军事、政治目的，临时修订其历法①。

① 引用自徐松岩译《历史：详注修订本》，上海人民出版社2018年版。该书作者为古希腊著名历史学家、文学家、地理学家、旅行家希罗多德（Herodotus）。他也被称为“历史之父”。

✩ 泰勒斯与米利都学派：探寻宇宙的本源

《工作与时日》中对于一些自然现象的描述还残留有明显的超自然因素，如“万能的宙斯送来秋雨”“北风之神在大地上吹着寒气”等。这也是各个文明早期对待自然现象时的共性，习惯把自然现象归结为神、鬼等超自然的力量。

图6 泰勒斯

第一个打破这种桎梏的古希腊人名为泰勒斯（Thales）。他出生在小亚细亚伊奥尼亚地区的繁荣港口城市米利都（Miletus），因此又被称为米利都的泰勒斯。泰勒斯的活跃年代在公元前6世纪上半叶，晚于赫西俄德。然而泰勒斯不如赫西俄德幸运，如今我们未能找到确定可以归于泰勒斯名下的任何作品，只能从后人的一些叙述中了解他的贡献与事迹。

著名的古希腊学者亚里士多德在他的《形而上学》中指出，泰勒斯是提出“何为万物本源”的第一人。泰勒斯本人给出的答案是“水乃万物之本”。在解释具体现象背后的成因时，泰勒斯与前人以及同时代其他人的最大区别是，他能够摆脱将自然现象诉诸神话等超自然因素的传统思维。例如，对于地震的成因，当时的古希腊人普遍认为这是源自海神波塞冬的愤怒，而泰勒斯则指出这是由于大地漂浮在大海上，当大海出现晃动时，大地也会一并晃动，从而产生地震（钮卫星，2011）。泰勒斯这种与同时代“格格不入”的特质也使得后世学者常常尊他为“科学的鼻祖”。

在泰勒斯与天文学的交集中，有一则关于他的最广为流传的事迹：他成功预测了一次日食，这次日食促成了吕底亚人与米提亚人的交战停火。

据希罗多德中的记载[①]，吕底亚人与米提亚人爆发了战争，战事已经进行了整整五年，仍然未分胜负。战争进行到第六个年头，在一次会战时，天空突然从白天变为黑夜。泰勒斯曾向伊奥尼亚人预言这种由白天变为黑夜的现象会在这一年出现，而他的预言最终应验了。交战双方看到如此奇观，便停止了战争，并达成和平协议。

希罗多德并未明确表示泰勒斯预言的天象是日食，但从描述推测，能够使白天转为黑夜的天象有且只有一种，就是日全食。后世学者认为，泰勒斯预言的天象就是公元前585年5月28日的日全食（Stephenson, Fatoohi, 279–282），全食带经过小亚细亚半岛，即泰勒斯的居住地。

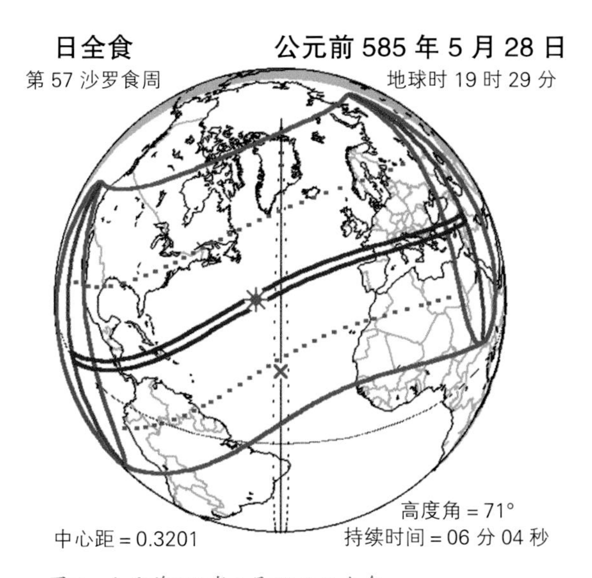

图7 公元前585年5月28日日全食

据推测，泰勒斯曾经到访中东和埃及地区，理论上泰勒斯可以从巴比伦习得关于沙罗周期的知识。不过如果想准确预测日食，只靠沙罗周期是不够的。对日食而言，利用沙罗周期只能推算出一次日食发生后约

① 引用自徐松岩译《历史：详注修订本》，上海人民出版社2018年版。

18 年会出现另一次日食，至于可以在何处观看到下一次日食，沙罗周期就无能为力了。这是因为一个沙罗周期（6585.3 天）并不是整数天，这使得同一个地方无法在同一时期看到相隔一个沙罗周期的两次日食。

虽然公元前 585 年 5 月 28 日的日食在小亚细亚是可见的，但距其 18 年前的那一次日食在整个欧洲大陆都看不到。现代学者曾多次尝试还原泰勒斯的预测方法，但都并不完满（Querejeta, 2013）。所以，可能所谓的泰勒斯预言日食仅仅是一个传说（Neugebauer, 1969）。退一步来说，即便泰勒斯真的利用某种方法预言过日食，也多少存在运气成分。

如果说泰勒斯是否预测过日食还存在争议的话，那么可以肯定的一点是，他开创了全新的哲学流派——米利都学派，并产生了深远影响。米利都学派通常被认为是古希腊乃至西方哲学的第一个思想流派。泰勒斯有两位著名门生，一位是阿那克西曼德（Anaximander），另一位是阿那克西米尼（Anaximenes），两者继承发展了泰勒斯的哲学思想，他们三人也被后世看作是米利都学派的代表人物。

图 8　阿那克西米尼

阿那克西曼德与阿那克西米尼都是米利都人，这可能是他们俩和泰勒斯比较少有的共同点了，因为在万物本源的问题上三人的看法可以说是截然不同①。阿那克西曼德认为万物源于“阿派朗”，这是古希腊词语“ἄπειρο”的音译，一般意译为“无限”“无定形”。“阿派朗”不同于任何已知的物质，在空间上没有限制和规定，是组成物质的基本原料。阿那克西米尼对于万物本源的主张又与前面二位不同，他认为万物由气组成，气可以被稀释或者压缩，从而产生已知世界

① 引用自王珺、周文峰、刘晓峰、王细荣译《西方科学的起源》，作者为美国著名科学史教授戴维·林德伯格，中国对外翻译公司，2001 年版，第 30 页。

当中的各种东西。

阿那克西曼德对古希腊天文学的贡献是提出了第一个机械化的宇宙模型[①]：在这个模型中，地球是一个略显扁平的圆柱体，其底面直径是高度的三倍，我们居住在其中一个底面上；地球位于宇宙中心，有三层环绕地球的结构，从内到外分别对应恒星、月亮和太阳。阿那克西曼德似乎对数字 3 情有独钟，他认为恒星、月亮、太阳到地球的距离都是 3 的倍数——分别是地球直径的 9 倍、18 倍和 27 倍[②]。三层结构都被由“阿派朗”演化而成的火球环绕，太阳、月亮、恒星等天体实际上都是结构上的透光圆孔，当火球的光芒透过圆孔时，我们就能看到天体，而所谓的日月食就是太阳或者月亮的圆孔被遮挡的结果。

图 9　阿那克西曼德

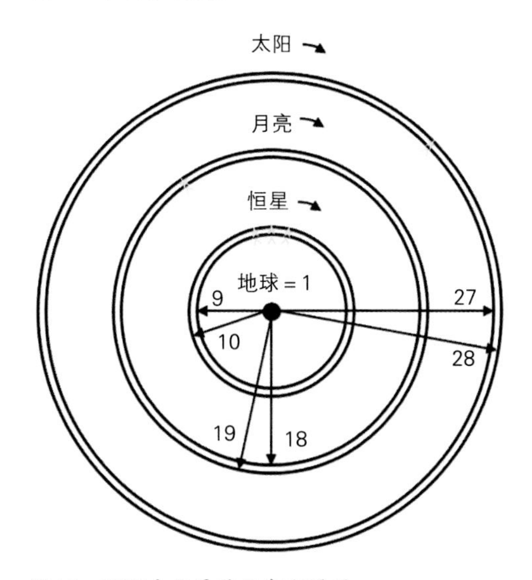

图 10　阿那克西曼德的宇宙模型

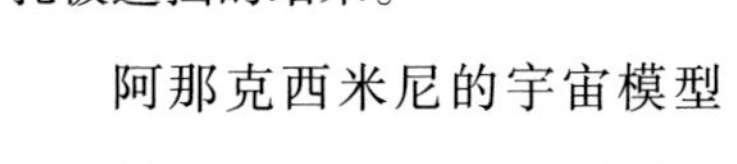

阿那克西米尼的宇宙模型也与他设想的万物本源有紧密联系（Heat, 1991: 10）：万物皆源于气，当气极

① 引用自孙小淳译《早期希腊科学》，作者为英国剑桥大学教授 G. E. R. 劳埃德，上海科技教育出版社，2004 年版，第 15—16 页。

② 引用自孙小淳译《早期希腊科学》，上海科技教育出版社，2004 年版，第 79 页。

度稠密时，就会形成土壤乃至岩石，我们看到的天体，最初只是地面蒸发的水汽；当气极度稀薄时就会形成火，太阳、月亮与恒星都是由炽热的火构成。因为火的密度比一般的空气更稀薄，所以天体能够飘浮在空中，因此天体不会运动到地面之下，而是一直在天上运动。至于为何有白天黑夜，阿那克西米尼的解释是，晚上看不见太阳不是因为太阳落到地面以下，而是因为太阳被远处的高山遮挡，以及太阳本身和我们的距离在夜晚变得更大了。他还进一步推断，我们之所以感受不到除太阳以外其他恒星的热量，是因为恒星距离我们非常遥远。

从毕达哥拉斯到柏拉图：行星天文学的诞生

泰勒斯另外一位著名门生是毕达哥拉斯（Pythagoras），他出生在伊奥尼亚近海的萨摩斯岛（Samos），青年时期曾到米利都拜访了泰勒斯和阿那克西曼德，成为了他们的学生。毕达哥拉斯在泰勒斯的建议下前往埃及向当地的祭司学习，学成后返回家乡打算开班讲学，此时家乡萨摩斯岛政治

图11　萨摩斯岛与克罗顿的地理位置

动荡，最后毕达哥拉斯决定移居至意大利南部的古希腊殖民城市克罗顿（Croton）。

图12　毕达哥拉斯

在克罗顿，毕达哥拉斯创立了带有宗教色彩的神秘学派，也就是后来的毕达哥拉斯学派。该学派的许多追随者们出于对创始人的敬意，习惯把本属于自己的思想归于毕达哥拉斯本人，我们现在看到的被归于毕达哥拉斯名下的许多成就，可能并不是他本人的。

毕达哥拉斯学派对于数字有着近乎狂热的崇拜，他们首先注意到音乐当中的八度音、五度音和四度音都可以用简单的数字比例表达。从此毕达哥拉斯学派开始寻找各种事物当中蕴藏的数学关系。随后他们进一步认定不仅仅是现象背后的形式结构可以用数表达，产生现象的事物本身也应该由数组成，即“万物皆数”。这样的思想使得毕达哥拉斯学派逐渐走向极端，甚至成为了纯粹的数字崇拜。

一个天文学上的例子是毕达哥拉斯学派学者菲洛劳斯（Philolaus）提出的宇宙模型。菲洛劳斯认为宇宙中心是一团火，被称为“中央火”。太阳、月亮和行星，包括地球，都围绕这团“中央火”运行。如果把最外层的恒星天球看作一个整体，那么一共有9个天体绕“中央火”运动。然而比起数字9，菲洛劳斯显然更加钟情数字10，在他的模型中还有一个天体，名为“反地球”（Counter-Earth）。然而我们从来没有看到过反地球，对此菲洛劳斯的解释是反地球在中央火的另一侧，与地球相对。在地球上看，反地球会一直被中央火遮挡，是一个不可见的天体。

这个宇宙模型在后来受到了一些批评，亚里士多德就对菲洛劳斯的理论非常不满，认为这是异想天开的数字神秘主义：“10这个数目似乎是完美的，它包括了各个数目的全部本性。他们（毕达哥拉斯学派）就说在天上运行的星体

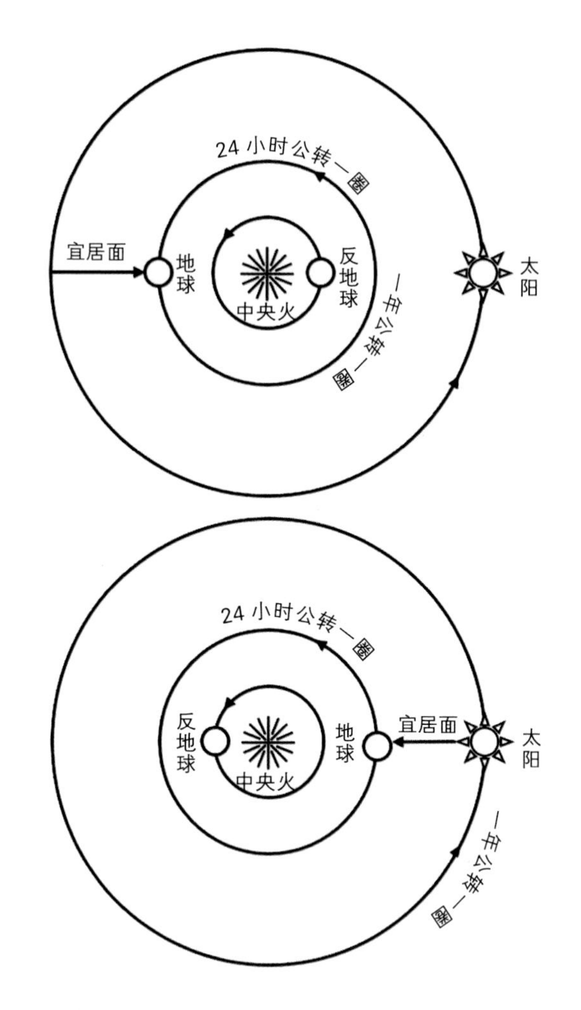

图13　自“中央火”向外依次是反地球、地球、月亮、太阳、五星以及恒星

也是10个。但人皆所见运转的星体实际上只有9个，如此他们就制造出第10个星体（反地球）来。”①但从另一个角度看，地球在人类的设想中第一次从宇宙中心移开。菲洛劳斯的理论可以看作是地动说的先声。

① 引用自孙小淳译《早期希腊科学》，上海科技教育出版社，2004年版，第27—28页。

古希腊天文学在公元前 4 世纪前后发生了三个关键性转变[①]，第一个是天文学家的关注重点从恒星转向行星：据公元 1 世纪的学者杰米纽斯（Geminus）记述，毕达哥拉斯学派对日月五星的运动首先进行了研究，认为太阳，月亮及五大行星的运动是匀速圆周运动，其运动方向和宇宙的周日运动相反。尽管在真实的天象中，这些天体的运动时快时慢，有时甚至会停止，但他们认为这只是表象，因为天体是永恒且不朽的，不可能时快时慢（Goldstein, 1997: 1–12）。

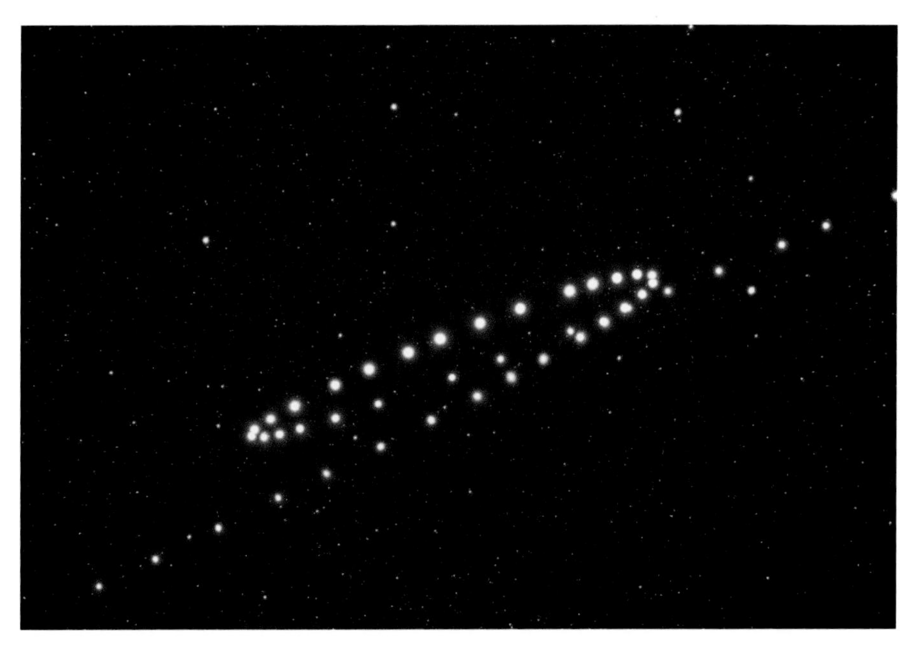

图 14　行星逆行

① 引用自王珺、周文峰、刘晓峰、王细荣译《西方科学的起源》，中国对外翻译公司，2001 年版，第 30 页。

图15　柏拉图

☆知识卡片Knowledge card

柏拉图

柏拉图（Plato，前 427—前 347），古希腊哲学家，西方客观唯心主义的创始人，他的著作大多以对话录形式记录。约公元前 387 年，柏拉图于雅典城外西北角创立了自己的学校——柏拉图学院。这所学院成为西方文明最早的有完整组织的高等学府之一。后世的高等学术机构也因此而得名，它也是中世纪时在西方发展起来的大学的前身。

另一种更常见的说法，是活跃年代在公元前 4 世纪上半叶的柏拉图（Plato）首先提出的“天体应遵循匀速圆周运动”[①]。传统上我们不把柏拉图视为天文学家，但他在古希腊天文学的发展历程中确实有着自己的一席之地。

根据柏拉图的著作，至少有两项天文学发现可以归在他名下[②]：第一项是他区分了天体有两种类型的运动，一种是恒星天球的运动，这是所有天体都存在的运动；另一种是日月五星沿黄道的倾斜运动，这种运动与第一种的运动相反。第二项是他发现金星和水星的运动速度和太阳相当，三者沿黄道带运动一周的时间都是一年。

柏拉图本人深受毕达哥拉斯主义的影响，在天体运动方面与毕达哥拉斯学派持有同样的观点也不足为奇。不管是谁首先提出天体需遵循匀速圆周运动的观点，这一准则在柏拉图之后成为了天文学家建立宇宙模型、解释行星运动时必须考虑的前提，这也是公元前 4 世纪古希腊天文

① 引用自孙小淳译《早期希腊科学》，上海科技教育出版社，2004年版，第83页。
② 同上。

学发生的第二个转变。

实际的行星运动所呈现的确实不是匀速圆周运动。于是，一个很关键的问题摆在了天文学家眼前：如何用匀速圆周运动解释真实的天体运动现象？

为了将天体的不规则运动还原成匀速圆周运动，天文学家需要想方设法“拯救现象”：若找到一种方法可以利用匀速圆周运动来描述天体的不规则运动，那么看似不完美的现象就被完美的运动给“拯救”了。

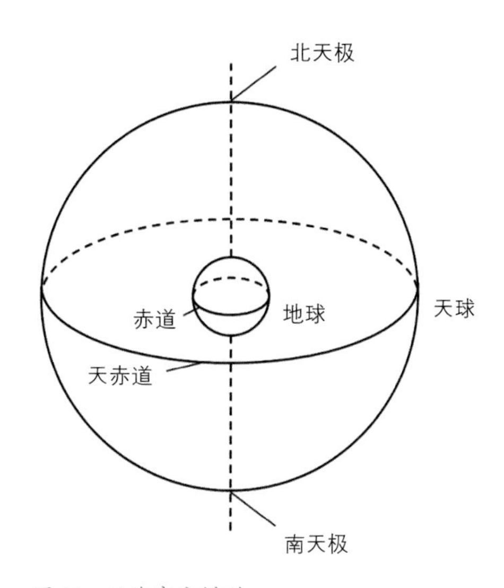

图16　两球宇宙模型

古希腊天文学在公元前4世纪发生的第三个转变是开始采用“两球模型”来表示恒星和行星的运动现象。从公元前4世纪开始，古希腊天文学中的宇宙模型基本上都会遵循一个基本框架——两球模型。这种框架将宇宙分为两个最基本的结构：一个是位于宇宙中心的小球，即地球；另一个是在最外侧的恒星天球。太阳、月球与行星在地球与恒星天球之间的空间中运动。

从公元前4世纪直到哥白尼时代，近两千年间，几乎所有宇宙理论都会采纳这个基本框架。这也可以看出在很长一段时间里基本没有人去质疑两球模型作为宇宙理论基本框架的正确性。托马斯·库恩（Thomas Samuel Kuhn）认为这背后的原因主要有两个①。

一方面的原因是天空给人的直观感觉就像一个半球，这在许多文明早期对于宇宙的设想中可以得到印证；而自毕达哥拉斯时代起，就不断有学

① 引用自吴国盛、张东林、李立译《哥白尼革命》，作者为美国科学史家、科学哲学家托马斯·库恩，北京大学出版社，2003年版，第28—29页。

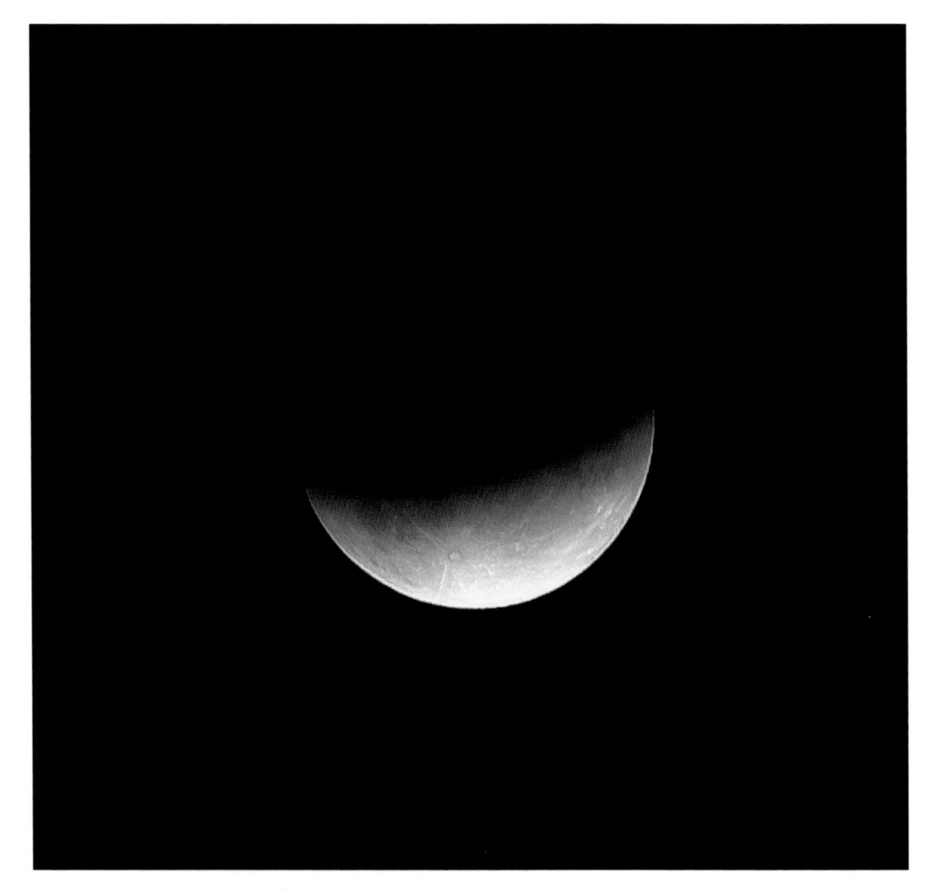

图 17　月食期间的阴影轮廓反映了地球的形状

者指出一些可以佐证大地是球状的现象，比如月食期间地影的轮廓，比如出海船只的不同部分在海平面上的消失顺序，等等。

另一方面的原因则可能是出于美学的考虑：宇宙的形状应当是完美的，宇宙中的各种天体也是完美的。球形往往被看作是三维空间里最完美的形状，因为球面上任意一点到球面所包裹的空间中心（即球心）的距离是恒定的，这是其他常规几何形状所不具备的特点。因此，当时的人认为，宇宙本身以及各种天体都应该是完美的球形。

✩ 从同心球到水晶球：构建天体运动的物理基础

如何用匀速圆周运动“拯救”行星的不规则运动现象，是公元前 4 世纪以后古希腊天文学家最关心的天文学课题之一。两球模型提供了一个“标准开头”，剩下的部分就需要各位学者发挥自己的聪明才智了。

柏拉图的学生欧多克索斯（Eudoxusof Cnidus）是第一个交出答卷的学者。欧多克索斯出生在小亚细亚西南海岸一个叫做尼多斯（Cnidus）的城邦（在今土耳其境内），他对天文的最初兴趣可能源自他那热爱夜观星象的父亲。青年时期的欧多克索斯四处游学，在雅典，他认识了柏拉图以及在柏拉图学院的一众学者。

图 18　欧多克索斯

欧多克索斯设计了一个同心球模型①来解释行星的逆行现象。以木星为例，欧多克索斯认为我们实际看到的木星运动是由四层天球的匀速运动组合而成，其中最外层的天球负责呈现木星每天东升西落的运动，次外层天球是木星沿黄道的运动，靠内的两层天球的运动组合后会呈现马蹄状的运动轨迹，可以还原出木星的逆行以及木星在黄纬方向的运动。木星本身

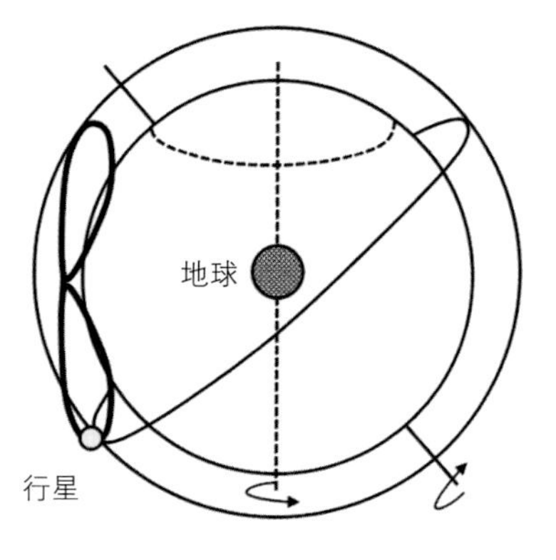

图 19　内层两个天球运动组合形成的马蹄状轨迹

① 就像圆球形的俄罗斯套娃。

位于最内层的天球上，外层天球会带动内层天球一同运动，木星最后呈现的就是四个天球组合运动的结果。

其余四颗行星的运动处理方式和木星一致，都需要四层天球；由于太阳和月亮不存在逆行现象，相比行星可以减少一层天球；最后加上最外层的恒星天球，欧多克索斯在不违背“天体匀速圆周运动”的前提下一共使用了 27 个天球来解释宇宙所有天体的运动。

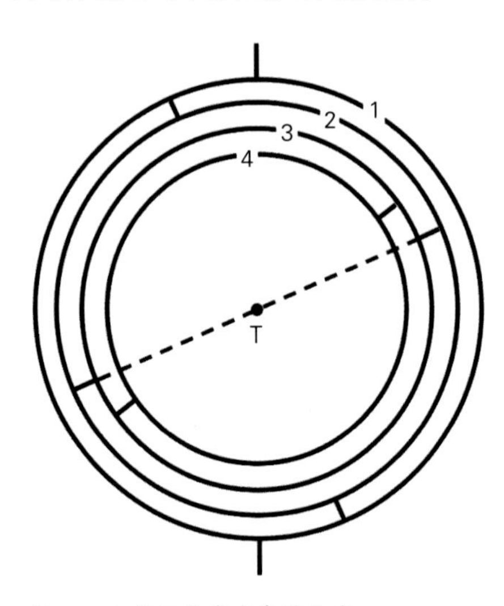

图 20　木星的欧多克索斯天球

欧多克索斯似乎没有将 27 个天球作为一个完整体系来考虑，并且欧多克索斯的同心球模型此时只是定性说明行星逆行的原因（因为天球的组合运动），还谈不上精确。按照欧多克索斯的设计，行星每次逆行时的轨迹形状应该是相似的，但这显然与真实情况不符。

为了改进同心球模型中的一些不足，欧多克索斯的学生卡利普斯

知识卡片Knowledge card

卡利普斯

卡利普斯（Callippus，前 370—前 300），古希腊数学家、天文学家，在柏拉图学院跟随欧多克索斯学习，是其行星理论的继承者。卡利普斯提出了一年的长度为 $365\frac{1}{4}$ 天的说法，并精确测定出季节的长度；他在 19 年默冬周期的基础上提出精度更高的 76 年周期用于调和阴阳历，这一周期后来也称为“卡利普斯周期”。

(Callippus) 对模型进行了一些修正，首先他给太阳和月亮两个天体分别增加了两层天球，从而更好地描述了两者在沿黄道方向运动时的速度变化；其次给水星、金星和火星增加了第五层天球，这样可以更好地解释它们的逆行曲线。卡利普斯的修正给模型新增了 7 个天球，使得同心球模型中的天球总数达到了 34 个。

欧多克索斯和卡利普斯的同心球理论实际上都只是纯粹的数学讨论，对于天球在现实中是否存在对应的物理实体，天球是由什么物质组成，以及天球如何运作起来等问题，两人都没有做出相关答复。同为柏拉图学生的亚里士多德（Aristotle）则对同心球的物理实体及其运行机制展开了进一步的探讨。

亚里士多德认为欧多克索斯在数学上设计的同心球实际上是一种由"以太"构成的透明水晶天球。在亚里士多德设想的宇宙中，宇宙以月球

图 21　亚里士多德

知识卡片Knowledge card

亚里士多德

亚里士多德（Aristotle，前 384—前 322），古希腊哲学家，被誉为西方哲学的奠基者。亚里士多德是一位百科全书式的学者，涉猎广泛。在科学上，亚里士多德研究了解剖学、天文学、经济学、胚胎学、地理学、地质学、气象学、物理学、动物学。在哲学上，亚里士多德研究了美学、伦理学、政治学、形而上学、心理学、神学。亚里士多德也研究教育、文学以及诗歌。亚里士多德关于物理学的思想深刻地塑造了中世纪的学术思想。

为界分为两大部分：月球之下的区域以及地球本身称为月下世界；月球之上直到恒星天球的区域为月上世界。亚里士多德认为月下世界的物质由四种基本元素水、火、气、土构成；至于月球之上的天界，是由单一的第五元素“以太”组成。以太组成透明的水晶天球以及各个天体，天体就像一颗颗珠宝镶嵌在天球上，水晶天球做匀速圆周运动，月上世界的天体也被带动着一起做匀速圆周运动。

对于各天球的匀速圆周运动最终如何组成行星的不规则运动，亚里士多德给出的解释是天球相互接触传递了运动。以土星为例子，土星的四层天球有各自的匀速圆周运动，外层天球的运动会通过接触传递给内

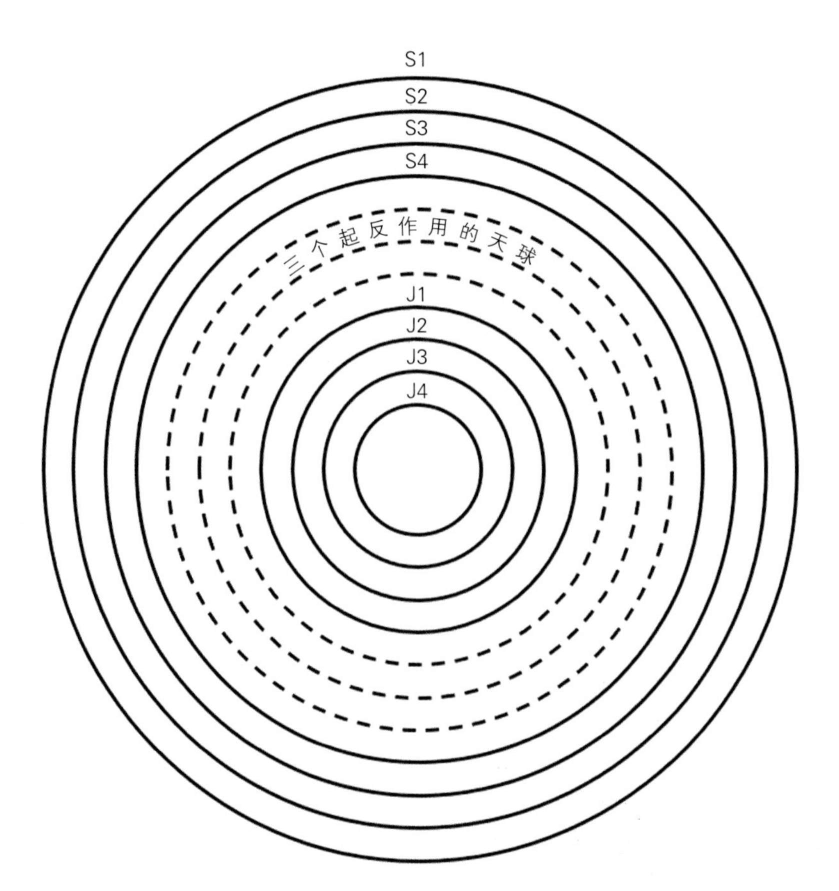

图22　亚里士多德运用反作用天球抵消上层天球的运动

层天球，土星所在的最内层天球的运动就是由四种匀速圆周运动组合而成的不规则运动。这种说法从物理上解释了不同天球的运动是如何组合起来的，但也引发了新的问题：如果天球间相互有接触，内行星的天球的运动就会受到外行星天球的影响。比如木星的最外层天球本身的运动是绕天极做自东向西的匀速圆周运动，但由于它还与土星最内层天球接触，土星复杂的不规则运动也会一并传递给它，这些运动又会继续向内传递，使问题变得更加复杂。为了确保每颗行星最外层天球都是简单的绕天极做匀速圆周运动，亚里士多德不得不引入额外的“反作用”天球来消除相邻行星天球接触后产生的多余运动。这样一来，天球总数大幅增加，从 34 个增加到了 56 个。

亚里士多德又认为卡利普斯增加的一些天球是多余的，因此分别减去了太阳和月球的两层天球以及相关的反作用天球，这样整个宇宙模型中天球的最终数量是 50 个（不包括恒星，天球为 49 个）。实际上亚里士多德自己认为天球数量是 47 个，这可能是文献记载有误，也可能是亚里士多德自己的计算失误。

亚里士多德的水晶天球宇宙给同心球模型提供了一个坚实的物理基础，但同心球模型本身并不能“拯救”所有的行星现象：行星在球面上运动，就意味着它与球心的距离是恒定的。然而我们从“位于宇宙中心”的地球观察，所有行星的亮度都会出现变化[①]，太阳和月亮也有肉眼可察觉的大小变化，这是无论再在理论上增加多少个天球都没办法解释的现象。

① 亮度变化意味着距离可能发生变化。

两种传统的相遇：希腊化时期的古希腊天文学

公元前 342 年，亚里士多德 42 岁时，他成为了一位 13 岁孩子的老师。这个孩子不是普通人，他是位于古希腊诸城邦西北部马其顿王国的王子。估计亚里士多德没有预料到，眼前这位小王子日后会成长为名垂千古的亚历山大大帝（Alexander the Great），统治横跨亚、非、欧三大洲的帝国，也促使古希腊文化传播到帝国的每个角落，开创了一个被后世历史学家称为“希腊化时期”的历史阶段。

图 23　亚历山大大帝

知识卡片Knowledge card

亚历山大大帝

亚历山大大帝（Alexander the Great，前 356—前 323），古希腊马其顿王国国王，世界古代史上杰出的军事家和政治家。从公元前 334 年起，他率领军队开始了长达 10 年的军事东征，其间击败并征服位于中亚的波斯帝国，军事影响最远直抵印度河流域。公元前 323 年，亚历山大大帝猝然离世，帝国迅速瓦解，被其将领瓜分。

一般认为希腊化时期始于亚历山大大帝逝世的公元前 323 年，终结于公元前 2 世纪—前 1 世纪。在希腊化时期，美索不达米亚地区被古希腊人纳入统治范围，使得古希腊的天文学家得以详细了解古巴比伦天文学家的观测记录以及他们的天文学传统。

注重构建几何模型描述宇宙的古希腊天文学遇到了拥有系统观测记录以及高度代数化的古巴比伦天文学，两者相互交融，造就了古希腊天文学的又一个黄金时期。

萨摩斯岛的阿利斯塔克（Aristarchus）可以看作是在希腊化时期成长起来的第一批古希腊学者。关于宇宙结构的看法，他受到菲洛劳斯中央火宇宙模型的影响，提出了太阳位于宇宙中心的设想，这与当时已经流行的亚里士多德等人倡导的地心说截然不同。

在阿利斯塔克设想的宇宙中，太阳取代了地球，位于宇宙中心的位置，地球成为一颗围绕太阳旋转的天体，而且地球自身也会绕轴自转。阿利斯塔克的著作大多已经散佚，我们无法了解阿利斯塔克宇宙理论的全貌，但从现存的只言片语中不难发现阿利斯塔克的想法与一千八百多年后的波兰天文学家哥白尼不谋而合。

图 24　阿利斯塔克

不过我们不需要对学者们没有更早接受日心说思想而感到惋惜。当我们回到阿利斯塔克所生活的公元前 3 世纪，就会发现对于日心说的推广而言存在着许多不利因素。首先，在物理学上，如果地球离开了宇宙中心，亚里士多德的物理学体系势必要推倒重来，地球如何运动，产生运动的推动力从何而来，有一系列的问题需要重新解释，可谓“牵一发而动全身”。此外，地球运动学说还会带来一个在当时无法解释的观测推论：如果地球在绕太阳运动，那么当观察恒星时，应当观察到视差现象，即恒星相互间的位置会发生变化。然而在很长一段时间内一个公认的观测事实是恒星相互间的位置没有发生变化。即便抛开严肃的科学逻辑，“地球在运动”这种观点也不符合当时人们的日常经验。

受古巴比伦高度代数化的天文传统的影响，希腊化时期的古希腊学者开始尝试从几何模型中导出一些天文学常数。阿利斯塔克本人曾经比较过日地距离与地月距离，他选择在地球上能看到一半的月球亮面（即上/下弦月）时测量月球与太阳的角距离，此时太阳、月球、地球正好在空间中组成一个直角三角形，月球位于直角处，日地距离就是直角三角形中的斜边，地月距离是直角三角形的短直角边，那么日地距离和地月距离的比值就可以用三角函数来表示。

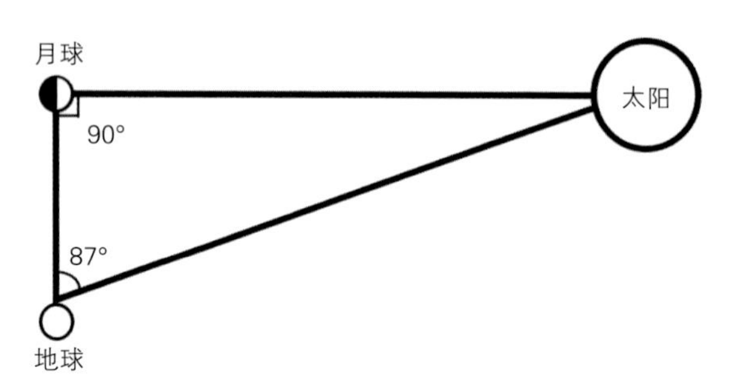

图25　上弦月时日月地三者在空间中的位置

知识卡片Knowledge card

角距离

描述天球上两个天体之间的距离使用的是角距离，即用两个天体与观测者的视线方向形成的夹角大小表示两者的距离。例如月球的视线方向与太阳的视线方向形成的夹角为90°时，就表示两个天体在天球上的距离为90°。

阿利斯塔克观测到弦月时月球与太阳的角距离大约是 87°，根据三角函数可知日地距离是地月距离的 18 ~ 20 倍。实际上阿利斯塔克低估了此时月球和太阳的角距离，两者真实角距离非常接近 90°，约为 89°52′，日地距离大约是地月距离的 400 倍。

虽然阿利斯塔克的计算结果与真实值有较大差距，但这揭示了一个事实：月球和太阳只是看上去一样大。阿利斯塔克又根据月食期间地球阴影的直径估算地球与月球的相对大小，最后他得出结论：太阳的直径大约是地球的 6~7 倍，体积是地球近 300 倍（钮卫星，2011：34）。这样的结果也许在一定程度上促使阿利斯塔克产生了太阳才是宇宙中心的想法，毕竟就体形而言，太阳才是更应该位于中心的天体。

比阿利斯塔克稍晚的埃拉托色尼（Eratosthenes）发展出了一种计算地球周长的方法。这样一来，结合阿利斯塔克的弦月实验，公元前 3 世纪末时，古希腊学者们就已经拥有了计算日、月、地三个宇宙天体大小以及相互间距离的能力。

知识卡片Knowledge card

埃拉托色尼

埃拉托色尼（Eratosthenes，前 275—前 193）出生在昔兰尼（Cyrene，在今利比亚境内），他设计了一种计算地球周长的方法并实施了首次测量，还发明了一种寻找质数的方法，称为“埃拉托色尼筛法”。公元前 246 年左右，埃拉托色尼移居亚历山大，接替阿波罗尼奥斯担任首席图书管理员。

图 26　埃拉托色尼

图27　旋涡星系M100，位于后发座
NASA, ESA

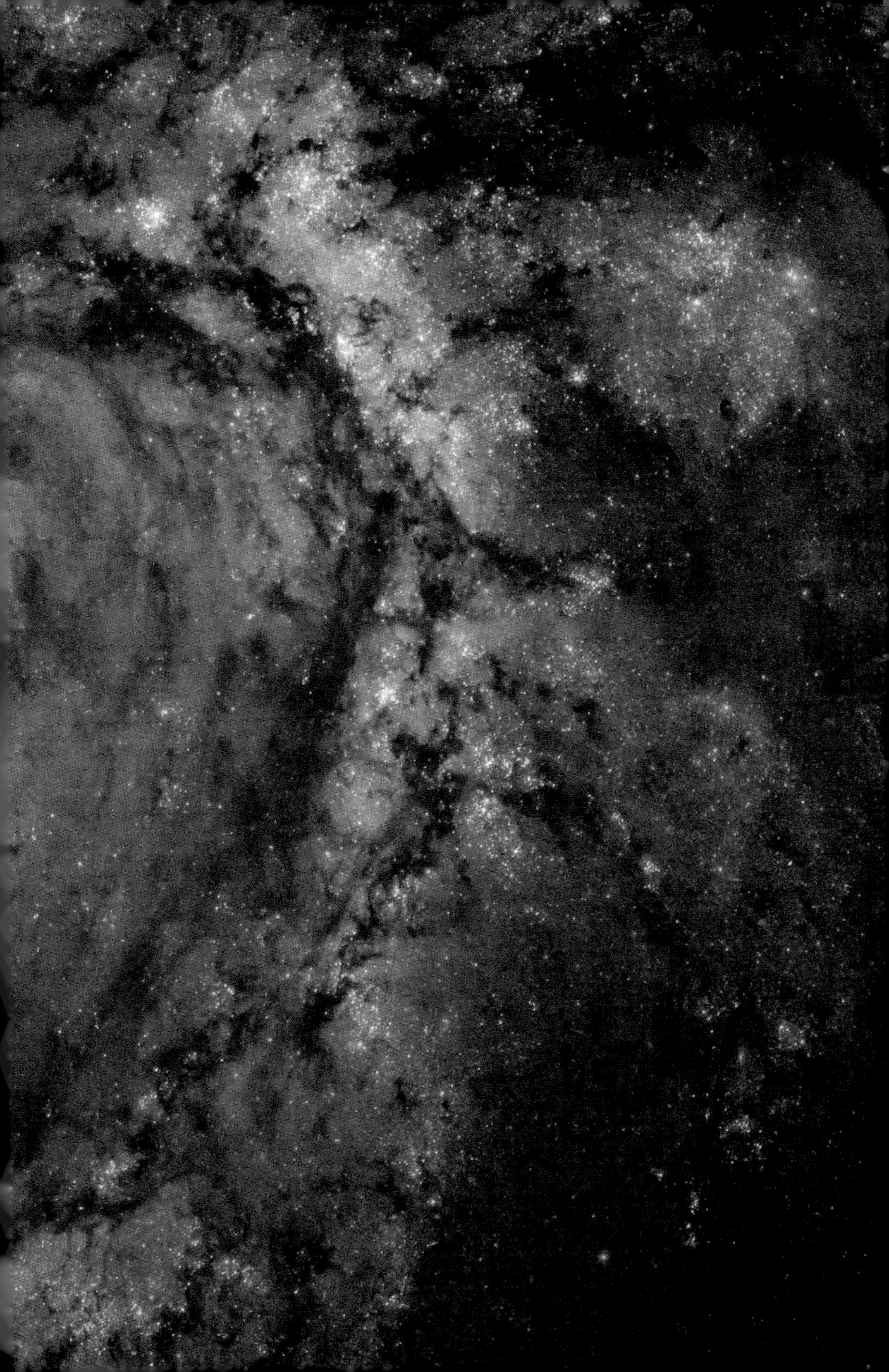

在上一节的末尾我们提到同心球理论天生存在不足——利用同心球理论预测行星未来运动时总会有一定的误差。当希腊化时期的古希腊学者接触到系统而详尽的巴比伦天文学记录时，这种原本可以因为几何上的美感而忽略不计的误差就变得越发刺眼。同心球模型作为“拯救”问题的一种解决思路，似乎已经走到了尽头，学者们需要另辟蹊径。

新的解决方案依旧是古希腊人最拿手的几何。活跃在公元前 3 世纪下半叶的数学家阿波罗尼奥斯（Apollonius）提出了“偏心圆”与“本轮—均轮模型”两个几何概念[1]。

图 28　阿波罗尼奥斯

知识卡片Knowledge card

阿波罗尼奥斯

阿波罗尼奥斯（Apollonius，约前 262—前 190）出生在帕加马（Perga，今土耳其南部海岸附近），后移居亚历山大，度过他的工作生涯。阿波罗尼奥斯曾出任亚历山大图书馆管理员，著有《圆锥曲线论》（*Conics*），提出了我们如今熟知的椭圆、抛物线、双曲线等圆锥曲线的概念，并讨论了相关的一系列问题。

偏心圆是一个正圆，当一个物体在偏心圆圆周上作匀速运动时，在圆心处观察，物体呈现的自然是匀速圆周运动，但如果观察点与圆心不重合（如下图 E 点），此时物体呈现的就是一种非匀速运动，物体靠近 E 点时速度看起来会变快，远离 E 点时速度看起来会变慢。

① 引自江晓原、关增建、钮卫星译《剑桥插图天文学史》，作者为美国天文学家米歇尔·霍斯金，山东画报出版社，2003 年版，第 33—34 页。

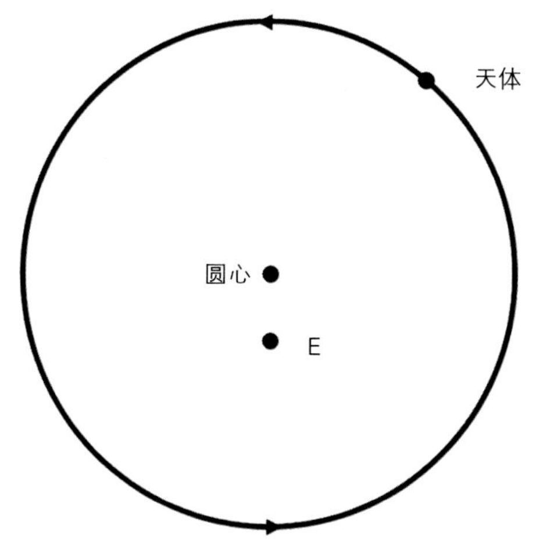

图 29　偏心圆模型

本轮—均轮模型则是两个正圆的组合，大圆为均轮，小圆为本轮，本轮圆心位于均轮的圆周上。一个物体在本轮圆周上做匀速运动，与此同时本轮的圆心又绕均轮圆周做匀速运动，此时物体相对均轮圆心的运动也是非匀速运动，而且当两种匀速圆周运动的速率配比合适时，物体相对均轮圆心会出现后退现象。显然，本轮—均轮模型可以用于解释行星的逆行现象，而偏心圆模型则可以应用在太阳的运动中。

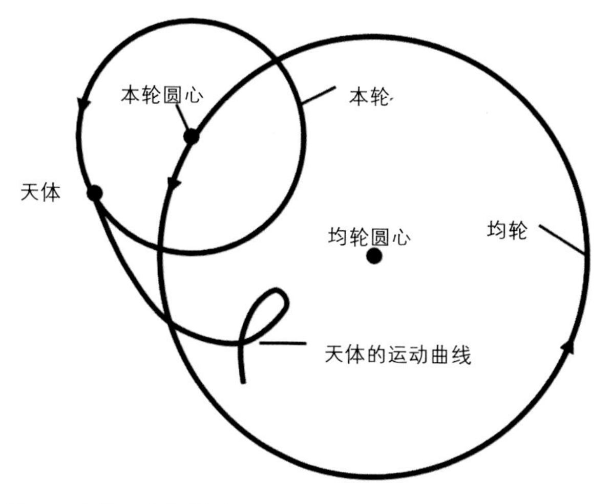

图 30　本轮—均轮模型

早在希腊化时期之前，古希腊学者（如卡利普斯）就发现一年四季的长度并不相等，这说明太阳的运动速度存在变化。利用偏心圆模型，就能在不违反匀速圆周运动的前提下解释四季长度的不均匀。希腊化时期另一位学者喜帕恰斯（Hipparchus）观察到一年当中春分到夏至的时间是 94.5 天，夏至到秋分是 92.5 天，秋分到冬至是 88.125 天，冬至到春分是 90.125 天。喜帕恰斯由此进一步计算出地球的位置：地球与太阳偏心圆轨道圆心的连线和春、秋分点连线形成一个 65.5°的夹角，地球与圆心的距离是太阳轨道半径的 1/24。

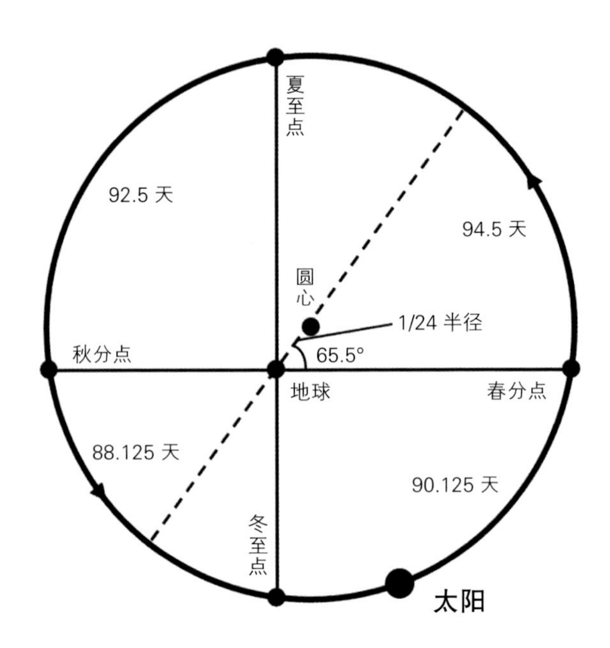

图 31　喜帕恰斯的太阳运动模型

喜帕恰斯是一位出生在小亚细亚的天文学家，他的生卒年份并不明确，目前可以确定的是他至少在公元前 147 年到公元前 127 年间从事天文学方面的工作（Thomas，等，2014：983），其中大部分时间他都在地中海上的罗德岛（Rhodes）开展天文观测。喜帕恰斯本人的作品几乎完全

图 32　喜帕恰斯(右)的形象曾被印刻在罗马帝国的铜币上

散佚，只剩下一部作品评注。如今我们对喜帕恰斯天文学成就的了解主要来自后人对他工作成果的引用。

从后人引用的喜帕恰斯的工作成果来看，太阳运动模型仅仅是他天文学研究的冰山一角，他感兴趣的课题实际上覆盖了天文学的方方面面 (Gillispie, Holmes, 1981: 207–224)。在理论研究方面，除了太阳运动模型，他还把本轮—均轮模型应用在月球运动模型中。基于他的日月运动模型，只要给定一个地点，就可以预测这个地点未来会发生日月食的时间。在观测成果方面，喜帕恰斯投入了大量时间和精力在恒星观测上，他利用天球坐标系定位恒星，编制星表。对比前人留下的记录后，他发现恒星相对春分点会发生移动，这是现代天文学中一种称为“岁差”的现象。在仪器制作方面，喜帕恰斯发明了一种可以用来测量太阳和月亮视直径的屈光仪。此外，他可能还是星盘的发明者。在整个中世纪和文艺复兴时期，星盘被普遍用于天文观测和计算。

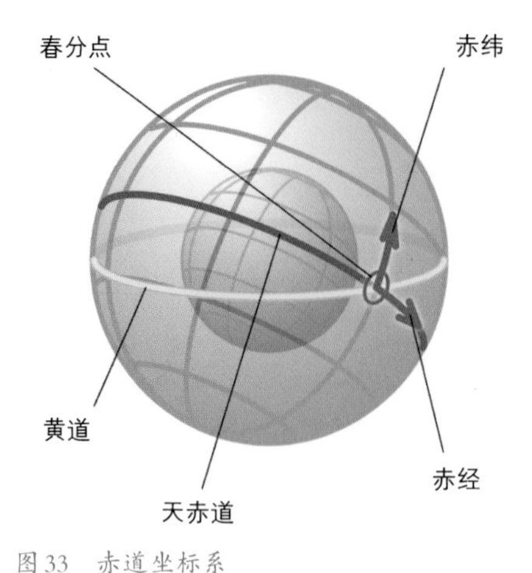

图 33　赤道坐标系

☆知识卡片Knowledge card

天球坐标系

天球坐标系是天文学上用来描述天体在天球上位置的一种坐标系统，类似于描述地球上位置的地理坐标系。现代天文学常用的天球坐标系有地平坐标系（以地平圈为基准）、赤道坐标系（以天赤道为基准）、黄道坐标系（以黄道为基准）等。

喜帕恰斯对古希腊天文学的贡献还体现在他对天文学研究方式的思考。作为一位认真对待巴比伦数理天文学传统的古希腊学者，他认为宇宙模型不能只考虑几何上是否别出心裁。或者是否符合某种哲学审美，或者仅仅是总体看来貌似合理，符合逻辑。所有假设都必须要经过实际观测的检验，符合实际的假设才是合理的、值得采纳的假设。

毫无疑问，同心球模型在他眼里自然是一种失败的假设。就目前已知的文献来看，喜帕恰斯本人并没有就行星运动模型提出新的创见，但他这种“实践出真知”的思想极具影响力。

公元 2 世纪的天文学家托勒密（Ptolemeus）不仅在他的著作《至大论》（*Almagest*）中大量引用喜帕恰斯的工作，更重要的是他继承了将数理天文学与几何天文学深度融合的思考方式，《至大论》也得以成为天文学史上一部经典著作。关于托勒密与《至大论》我们将在本章最后一节详细介绍。

✩ 实用为先：罗马时期的古希腊天文学

从公元前 3 世纪开始，原本偏安于意大利半岛的罗马共和国实力开始壮大，到公元前 3 世纪末，罗马的对外政策以及军事实力的影响已经开始波及希腊大陆。公元前 2 世纪中叶，罗马共和国正式占领了古希腊本土，与此同时环地中海区域正被罗马人逐渐纳入版图，一个致力于将地中海变成自家内海的庞大帝国正在形成之中。

罗马人对古希腊的统治并没有导致古希腊文化和学术的崩溃，如一位罗马作家所言，罗马在军事和政治上征服了古希腊，但艺术和思想上的征服却属于古希腊人。罗马人对于古希腊学术的关注点主要集中在有实用价值的部分，在罗马人眼中，最为著名的天文学权威不是喜帕恰斯，也不是欧多克索斯，而是一位名为亚拉图（Aratus）的古希腊诗人，他的一首天文诗歌《现象》至少四次被译成拉丁文[①]。

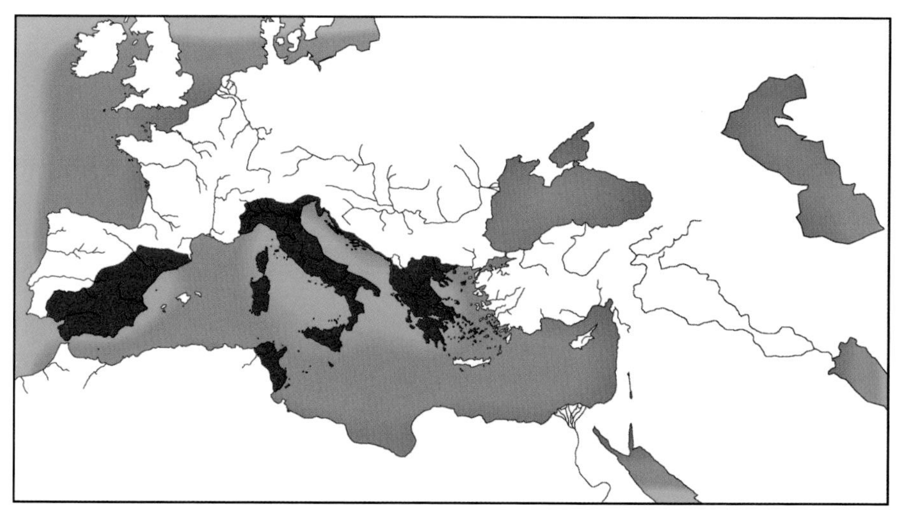

图 34　公元前 2 世纪的罗马共和国版图（红色部分）

① 引用自王珺、周文峰、刘晓峰、王细荣译《西方科学的起源》，中国对外翻译公司，2001 年版，第 148 页。

图35　亚拉图

知识卡片Knowledge card

亚拉图

亚拉图（Aratus，前315/310—前240）出生于索利（Soli，在今土耳其境内），在雅典度过一段求学时光后，亚拉图于公元前276年受邀前往马其顿王国宫廷，在那里他度过了人生中大部分时光。亚拉图最为人所知的是他的说教诗，主题涵盖解剖学、药理学以及天文学，其中天文说教诗《现象》的影响最为广泛。

罗马人普遍会把更加深奥的学问看作是一种闲暇时的消遣，至于能否站在巨人的肩膀上更上一层楼，他们并不十分在意。大部分罗马人会避免像古希腊智者一样毕生研究那些抽象、专业且看起来没有实用性的枯燥课题[①]。罗马人的实用主义偏好也在以下两个与天文学有关的例子中有所体现。

1900年复活节前后，一名采摘海绵的潜水员偶然在希腊安提基特拉岛（Antikythera）附近的海底发现了一艘古代沉船。雅典当局得知这一消息后十分重视，到当年秋天时，全面水下考古工作已经在相关水域展开。希腊海军甚至出动了战舰驻守，以防水下文物被盗。

水下工作一直持续到1901年的夏天，潜水员们打捞到大量古希腊时期的珍宝，包括雕像、玻璃器皿、珠宝，以及各式陶罐、陶器、家居用

① 引用自王珺、周文峰、刘晓峰、王细荣译《西方科学的起源》，中国对外翻译公司，2001年版，第148页。

图 36　安提基特拉岛的地理位置

品等。通过在沉船中发现的钱币倒推年代，可以判断这是一艘意外沉没的古代罗马货船。

当时打捞上来的物品中有一块并不起眼的钙化青铜器残块，不久后残块出现了碎裂（Ruggles, 2015: 1604）。1902 年，考古学家瓦利里奥斯·斯泰斯（Valerios Stais）在检查这些青铜碎片时发现内有乾坤——碎片上不仅有疑似齿轮的部件，还能依稀看到一些科学刻度，以及古希腊铭文。

随后的一个世纪中，学界一直在讨论这神秘的青铜碎片究竟是什么。由于其发现地在安提基特拉岛近海，同时存在齿轮状的机械结构，学界普遍认为碎片是一种机械装置的局部，将其命名为安提基特拉机械（Antikythera Mechanism）。

经过一百多年的研究，关于安提基特拉机械仍有许多谜题等待解决，不过装置复原方面的工作可以说基本完成了。目前的复原结果显示安提基特拉机械是一部机械天文钟，通过内部复杂的齿轮组合，可以显示诸多天文学信息，包括天体位置、月球相位、日历信息等，甚至可以预测日月食。

目前复原的安提基特拉机械造型是一个长方体盒子，大小接近现在

图 37　安提基特拉机械最大的一块碎片

的鞋盒。装置正反两面均有显示天文信息的刻度盘，侧面有一个旋转把手控制装置运转。正面的刻度盘上有日期与黄道十二宫的刻度，另外有指示日期、太阳、月亮、五大行星的指针以及显示月相的装置，其中五大行星的指针在运动时还能展示出逆行现象。装置背面有一上一下两个大刻度盘以及三个小刻度盘，上方的大刻度盘显示的是一个完整的 19 年

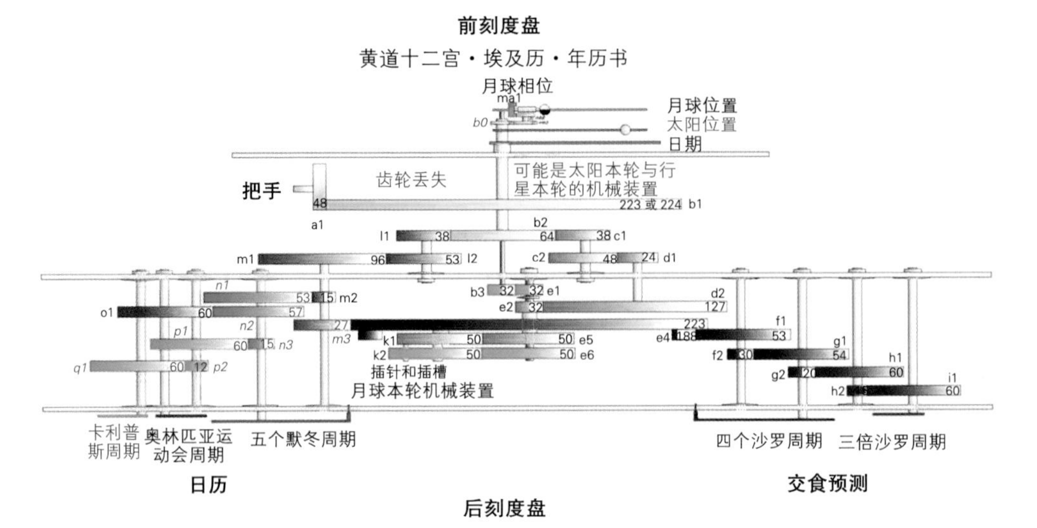

图 38　安提基特拉机械的内部机械结构复原图

图 39　安提基特拉机械正反面复原图

默冬周期，包含 235 个朔望月。另有两个小刻度盘，分别显示奥林匹亚运动会四年周期以及相当于 4 个默冬周期的卡利普斯 76 年周期。下方一大一小刻度盘分别显示了沙罗周期（223 个朔望月）以及三倍沙罗周期（669 个朔望月）。

关于安提基特拉机械的制作年代，目前并没有确切的答案，结合沉船的年代可以判断其出现时间不会晚于公元前 60 年。机械的内部结构与功能则反映了装置所依据的天文学理论兼具古巴比伦与古希腊元素，其中对月球运动的处理很可能参考了喜帕恰斯的月球运动模型，因此安提基特拉机械也不会早于公元前 2 世纪出现。这件看起来超越了时代的神奇装置究竟由谁在何时制作可能永远是一个谜，但它出现在一艘罗马货船上，或许可以说明罗马人对这个物品的兴趣。对于大部分不求甚解的罗马人而言，比起研究艰深的古希腊天文学理论，把玩一件依照相关理论制作的装置显然会更加有意思。

另一个例子和罗马人的历法有关。在古罗马最初的历法中，一年只有 10 个月，其中 4 个月的长度是 31 天，其余 6 个月的长度是 30 天（Hannah, 2006: 99），这样一年的长度仅为 304 天，与一个回归年（约 365.2422 天）的长度相去甚远。

很快古罗马历法就经历了一次改革，增加了两个月份[①]，其中 3、5、7、10 月为 31 天，1、4、6、8、9、11、12 月为 29 天，2 月为 28 天[②]，一年总天数为 355 天，并设立闰月，闰月的长度为 27 天，加在 2 月 23 日或 24 日之后，同时将 2 月份其余的日期删去，这样闰年的长度是 377 或 378 天。

知识卡片Knowledge card

布匿战争

布匿战争指公元前 3 世纪中叶到公元前 2 世纪中叶古罗马与位于地中海西岸的古迦太基为争夺地中海沿岸霸权发生的一系列战争。布匿战争的结果是古迦太基灭亡，成为罗马的一个行省——阿非利加行省，罗马取得地中海西部的霸权。

置闰的本意是希望避免历法的日期与季节错位，但这种天文学上的考虑时常被政治或军事等因素干扰。例如在公元前 3 世纪末的第二次布匿战争期间，罗马的历法暂停了置闰，原因是人们迷信置闰产生的额外日子不吉利，这导致历法最终比正常情况提前了近 4 个月[③]。

罗马历法的混乱局面最终由罗马共和国独裁官儒略·凯撒（Julius Caesar）修正，他首先在公元前 46 年时下令在正常的闰月之外再添加两个长月份，这么做的目的是弥补此前因为战争缺下的闰月，这也使得这一年长达 445 天。随后凯撒宣布从公元前 45 年 1 月 1 日起实施新历法，原本 4 个 31 天的月份维持不变，1、8、12 月加 2 天，4、6、9、11 月加一天，2 月份日期维持不变，这样一

① 增加的两个月份相当于现在的公历1月和2月。

② 从罗马历法的沿革可以看出，他们的2月从一开始就只有28天。

③ 引用自许明贤、吴忠超译《时间简史》，湖南科学技术出版社2001年版，第45页。

年一共是365天。取消闰月，改为每4年设置一个闰年，闰年的2月增加一天为29天。凯撒宣布的新历法后来以他的名字命名，即儒略历（Julian calendar），也是现代公历的前身。

毫无疑问，在修正罗马历法的过程中凯撒得到了专业人士的指导。这位专业人士一般被认为是公元前1世纪活跃在亚历山大的天文学家索西琴尼（Sosigenes）。索西琴尼可能是在综合了古埃及民用历以及当时古希腊天文学对回归年的认识后，提出了儒略历的历法规则。

图40　凯撒

《至大论》：古希腊天文学之大成

知识卡片Knowledge card

凯撒

儒略·凯撒（Julius Caesar，前100—前44），罗马共和国末期的军事统帅、政治家，是罗马共和国体制转向罗马帝国的关键人物，史称凯撒大帝或罗马共和国的独裁者。凯撒出身贵族，历任财务官、大祭司、大法官、执政官、监察官、独裁官等职。

公元2世纪，经历了政治体制变革，从共和国转变为帝国的罗马迎来了“五贤帝”时期。在近90年的时间里，五位罗马皇帝励精图治，国家政治清明，帝国的疆域也在这一时期达到历史上的巅峰。公元117年“五贤帝”之一的图拉真（Trajan）去世时，罗马帝国国土面积接近600万平方千米，西起伊比利亚半岛，东至美索不达米亚，南接北非撒哈拉沙漠，北抵大不列颠岛，地中海成为国家内海。

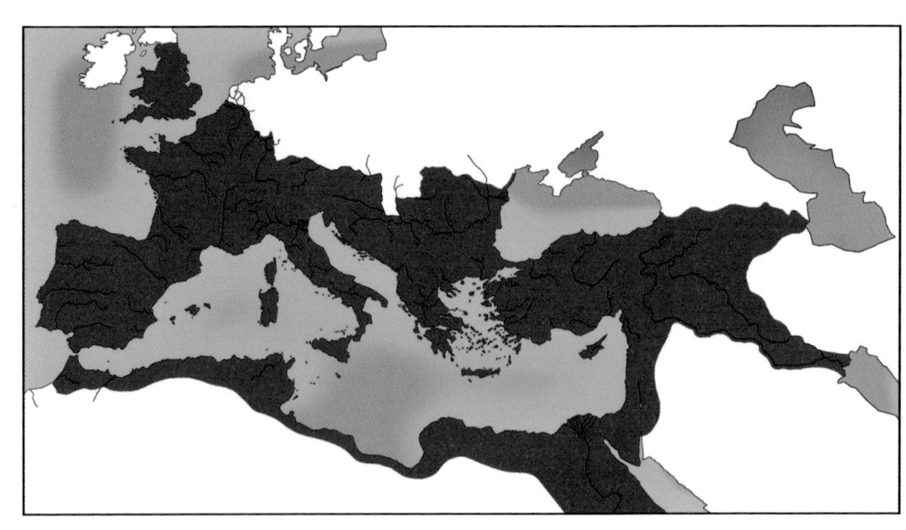

图41　公元2世纪罗马帝国版图(红色部分)

对天文学史而言，公元2世纪的罗马帝国也是一个关键时空节点。一位生活工作在帝国埃及行省首府亚历山大的学者托勒密（Ptolemeus）写就了一部被认为是集古希腊天文学之大成的著作——《至大论》(*Almagest*)，他本人也被视为古代天文学时期最为重要的人物之一。

关于托勒密的生平我们如今知之甚少，甚至连他的生卒年都不能完全明确，只能从他著作中提及的天文观测记录推断其从事科学工作的年代大致在125—165年，生卒年代不会超出五贤帝时期。此外根据《至大论》当中提及的天文观测地点大多位于亚历山大来看，托勒密人生的大部分时间都居住在这个从希腊化时期开始崛起的港口城市。林德伯格认为"托勒密"这个姓氏表明了这位《至大论》的作者出生于亚历山大本土，而不是像我们前文提到的一些学者那样，是从其他地方移居到亚历山大的。

知识卡片Knowledge card

亚历山大

亚历山大（Alexandria）位于地中海东南沿岸，靠近尼罗河出海口，是亚历山大大帝在征服古埃及时建立的港口城市，随后成为托勒密王朝的首都，是希腊化时期最为繁荣的城市之一，也是当时重要的学术中心，曾吸引众多学者前往交流。

图 42　亚历山大的地理位置

托勒密一生著作颇丰，已知现存的作品（包括完整和不完整的）有 11 部，主题涵盖天文学、星占学、地理学、光学和数学等方面。《至大论》是他所有作品中最早[大约在公元 150 年前完成（Toomer,1984: 186—206）]，也是最为著名的一部。《至大论》的古希腊名称是《数学汇编》（*Synodix Mathematical*），阿拉伯人将其译为“Al-mijisti”，并由此产生了该书的拉丁文名“Almagest”。

图 43　托勒密

《至大论》分为 13 卷，前两卷是关于两球模型框架（关于两球模型见本章第 5 节）的讨论，托勒密在此确定了两球框架是建立后续理论的基础。接下来，托勒密开始讨论具体的天体。首先是太阳（第 3 卷），然后是月球（第 4、5 卷），第 5 卷的内容还包括他制作的一些仪器以及有关日月距离的理论。第 6 卷讨论了日月食理论，也相当于对第 3~5 卷提出的日月运动理论的验证。第7、8卷中，托勒密讨论了与恒星相关的内容，他认为确定恒星的位置是继续讨论行星理论的前提。《至大论》的最后5卷是关于5颗行星的运动理论。托勒密通过建立一系列精巧的数学几何模型，描述了一个地心说宇宙图景。

Ptolemy's
ALMAGEST

Translated and Annotated by

G. J. Toomer

Duckworth

图44 《至大论》书影

托勒密在《至大论》中充分综合了古希腊天文学前辈的理论工作以及自公元前8世纪以来的各类观测记录。其中包括古巴比伦、古希腊天文学前辈们（主要是喜帕恰斯）的记录，以及托勒密本人所做的记录。例如，第3卷中关于回归年长的理论，就是托勒密在喜帕恰斯的太阳运动理论的基础上做出的进一步完善；在第4卷中讨论月球相关理论时，托勒密引用了古巴比伦的月食记录，记录中最早的一次月食发生在公元前721年3月19日晚，是一次月全食；在第7、8卷中讨论恒星时，托勒密引用了喜帕恰斯等人的观测记录。

在处理行星运动时，托勒密发现，利用偏心圆与本轮-均轮两大工具仍然不能完美解释行星的非匀速运动，于是他引入了一个新概念——偏心匀速点（equant）。所谓偏心匀速点，即该点偏离一个圆的圆心，当有物体在该圆圆周上运动时，从偏心匀速点观察，该物体呈匀速视运动。在托勒密的行星运动模型中，地球的位置与偏心匀速点关于均轮的圆心对称（如下图）。

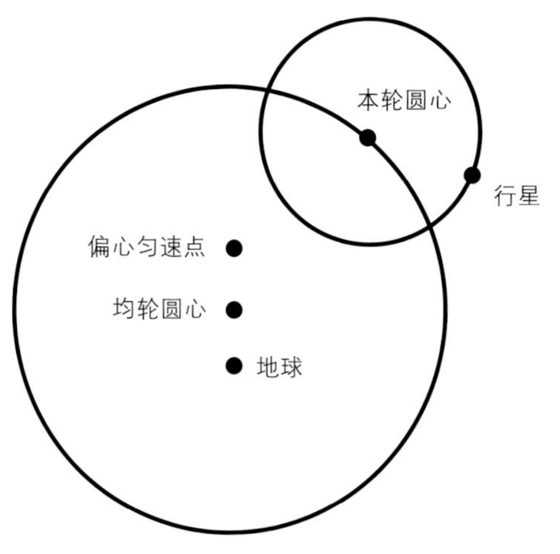

图 45　偏心匀速点

如此一来，在托勒密的宇宙体系中，地球既不是行星运动的中心（均轮圆心），更不是匀速视运动的中心（偏心匀速点），某种程度上这已经违背了亚里士多德的物理学体系以及“拯救现象”最初的愿景。

对此，托勒密有自己的想法：“不要因为我们所采用（解释行星运动的）方法的复杂性，就断定这样的假说过于繁琐……诚然，人应该尽量去尝试用相对简单的假说去解释天体的运动，如果失败了，人们应该采用合适的其他假说。假如每一种现象都被这些假说充分地拯救了，说明这些复杂的假说能够解释天体运动……为何要对此感到奇怪呢？”①

《至大论》第 7 卷第 5 章以及第 8 卷第 1 章给出了一份含有全天 1022 颗恒星的星表。托勒密在星表中列出了 48 个星座，这是现代 88 星座的前身。描述恒星时，托勒密按照该星与附近恒星的相对位置，结合星座的形象给出了一个描述，标注了有具体名称的恒星的名字。以狮子座为例，托勒密把狮子座最亮星轩辕十四（狮子座 α）称为“（狮子）心脏处的一颗星，名为‘Regulus’”，第二亮星五帝座一（狮子座 β）是“（狮子）尾部末端的一颗”。这份星表还给出了每一颗恒星的黄道坐标（黄

① 托勒密在《至大论》第 13 卷第 2 章中这样说。

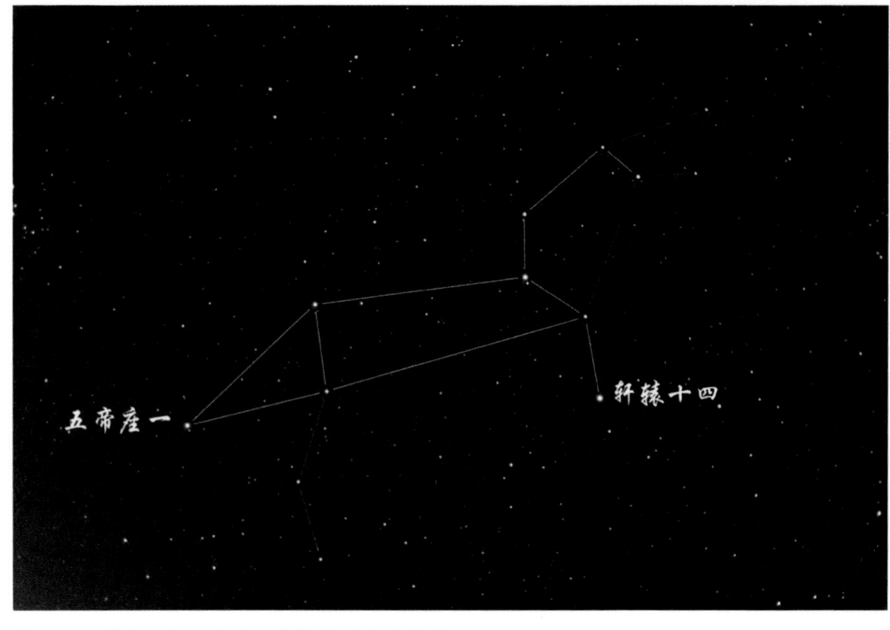

图46 轩辕十四与五帝座一在狮子座中的位置

经、黄纬)，以及用星等标注恒星亮度。托勒密用数字1~6表示每颗星的亮度，1等星最亮，6等星最暗。星等的概念常被认为始于喜帕恰斯，但并没有直接的文献证据证明这一点，不过可以肯定在托勒密之前就出现了类似的给恒星亮度定等级的方法。

《至大论》深刻影响了公元2世纪到公元16世纪的西方天文学，托勒密的工作堪称天文学史上的一座巅峰，而这座巅峰在后来很长一段时间鲜有人能够超越。

在理论方面，托勒密的地心体系已经能够很好地预测天体的位置，后世学者的成果大多是在托勒密理论的基础上进行改良，尝试调和托勒密体系与亚里士多德物理学之间的矛盾。关于托勒密之后到公元16世纪期间的西方天文学发展史，在本系列的后续图书中将会有详细介绍。

图 47　木星、蛾眉月、水星与金星在落日的余晖中一字排开，金星左下的星点为轩辕十四（狮子座α）

图48　发射星云NGC 7635，又称气泡星云，位于仙后座（托勒密列出的48星座之一）
NASA, ESA, Hubble Heritage Team

图49　疏散星团M16，又称鹰星云，它位于同样被列入托勒密星表的巨蛇座内
NASA，ESA，and The Hubble Heritage Team（STScI/AURA）

图50　创生之柱，位于巨蛇座M16鹰星云内，2015年被哈勃望远镜捕获，其神秘与美丽引起大众热烈关注
NASA, ESA/Hubble and the Hubble Heritage Team

NO.4

古代中国天文学：别具一格的东方范式

Ancient Chinese Astronomy: A Uniqne Oriental Tradition

随着《至大论》的成书，公元2世纪前后的古希腊天文学来到了全新的高度，同时让古希腊天文学成为随后西方天文学发展过程中的重要源头。在同一时期的华夏大地，古代中国的学者们同样奠定了对后世影响深远的天文学范式。

在本书的第二章中，我们曾介绍了古代早期中国天文学的部分重要发现与成就，本章我们将带大家更加全面地了解从夏商周到两汉时期古代中国天文学的面貌。

这一时期的古代中国天文学不仅为后世留下了众多宝贵的天象记录，形成有官方背书的天学史料收录传统，还诞生了包罗万象的天文历法，在宇宙论方面也有着自己的独到见解。

天有异象：夏商周的天象记录

在本书前文第二章“诗经中的日食”一节，我们介绍了一则来自古代早期中国的日食记录。中国拥有记录异常天象的传统，自有文字起就留下了若干被认为是描述天象的记录，甚至文字出现以前的一些天象可能也通过口口相传的方式流传到了后世。比如，《尚书·胤征》记载的“乃季秋月朔，辰弗集于房”，可能就描述了一次在夏代仲康年间某年深秋时节出现的一次日食，史称“仲康日食”。

《墨子·非攻下》中，有“昔者三苗大乱，天命殛（jí）之。日妖宵出，雨血三朝……”文中的时空背景是夏代大禹征伐“三苗”地区（在今江西—湖南一带），而“日妖宵出”被现代学者看作是对日食的一种描述，可能是一次日出或日落前后发生的日全食，学界一般把这次可能存在的日食称为“三苗日食”。

日全食发生时，月球完全遮挡太阳圆面，会导致天光出现明显变化，天空呈现的观感近似黄昏或黎明。若日出日落前后恰逢日全食，原本天光

图1　日全食发生时的天空观感接近黄昏或黎明

逐渐变亮（日出前后）或者逐渐变暗（日落前后）的过程就会因为日全食的发生而出现异常，让人产生两次天亮或者两次天黑的错觉。以日落前后出现日全食为例，如果人们把日全食发生导致的天光变暗当成正常的日落天黑，那么当日全食结束天光重新变亮时就会产生“日妖宵出”的观感了。

商代出现了迄今为止已知最古老的中国文字——甲骨文。学者在商代甲骨文中发现了相当数量的可能是天象记录的卜辞。在殷墟宾组卜辞中，有一组5次较为确定的月食记录，而且每次月食的卜辞都包含有月食发生时的干支日，这有助于我们判断月食具体发生的日期。

对卜辞研究的结果显示，这5次月食都发生在商代武丁中期后段到武丁末年，可能延伸到祖庚之世，前后跨度约30年。结合现代天文学方法回推的月食时刻以及月食可见性，研究者发现符合卜辞记录的月食组合有且仅有一组结果（庄威凤，2013：33—34）：5次月食中最早的一次

图2　殷墟甲骨文

知识卡片Knowledge card

殷墟

殷墟是中国商朝后期王都遗址，位于河南安阳市，以殷都区小屯村为中心，横跨洹河（今安阳河，注入卫河）。遗址范围东西长约 6 千米，南北宽约 4 千米，由殷墟王陵遗址与殷墟宫殿宗庙遗址、洹北商城遗址等共同组成。

公元前 14 世纪，商汤的第九代孙盘庚即位后，把都城从奄（今山东曲阜）迁到殷（今河南安阳），直至帝辛纣在位时商朝覆灭的 273 年间，殷地一直是商朝后期的统治中心，因此商朝也称殷朝。

殷墟甲骨文

1899 年，清代国子监祭酒、著名金石学家王懿荣在用作中药的“龙骨”上发现契刻符号，由此发现了 3000 多年前中原人民使用的古文字——甲骨文。甲骨文大多出土于河南安阳小屯村殷墟遗址，因此又称殷墟甲骨文。自殷墟甲骨文被发现以来，殷墟先后出土了约 15 万片刻辞甲骨，绝大多数出土时已是残破的碎块。自 1956 年起，经过 20 多年的努力，一套集大成的《甲骨文合集》（13 册）终于编成出版。该合集由郭沫若担任主编，胡厚宣担任总编，中国社会科学院历史研究所先秦史研究室集体合作，汇集了 1973 年以前出土的国内外已著录和未著录的殷墟甲骨资料，经过重选、重拓、弃伪、去重、缀合、分期分类，共选录了具有研究价值的 41956 片刻辞，为甲骨学研究提供了系统的资料。

月食发生在公元前 1201 年 7 月 12 日，最后一次是在公元前 1181 年 11 月 25 日。

除了月食记录，甲骨卜辞中可能还有一些日食、彗星，乃至超新星记录。武丁王宾组卜辞中有一段文字被认为是古人在日全食期间看到了日珥。董作宾将相关卜辞释为“三焰食日，大星”，意为“有三条火焰吃掉太阳，同时见到大星”。日珥是太阳活动剧烈时等离子体在太阳表面之上形成的拱门状结构，但只有在日全食期间才有可能肉眼可见。所谓“三焰食日”，可以解读为日全食期间恰好出现了三条巨大的日珥，而“大星”则可能是日全食期间位于太阳附近的金星或水星。

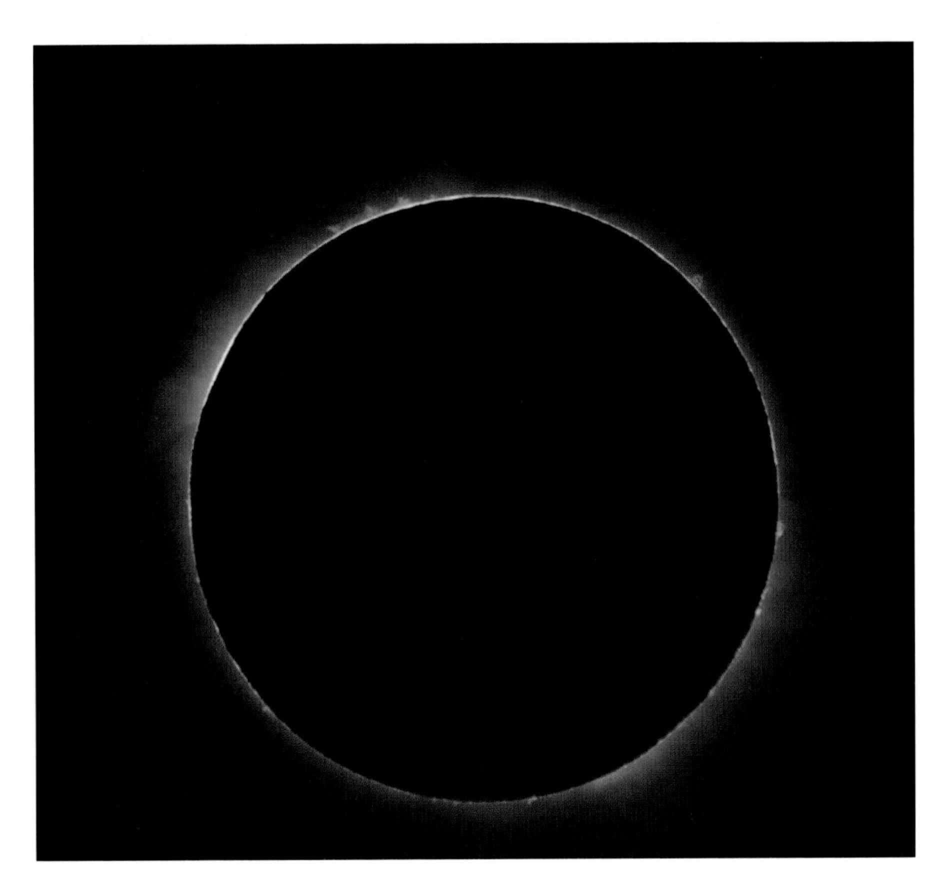

图 3　日全食期间显现的日珥

图4　2CG353+16的位置

类似“大星”这样可能与星象相关的字眼在甲骨卜辞中还有其他的例子。同样出自宾组卜辞的有“七日己巳夕向［庚午］有新大星并火”，这里的“新大星”被认为是一颗超新星，而“火”指大火星，即心宿二（天蝎座α）。“新大星并火”意味着超新星的位置与心宿二非常接近。我国天文学家汪珍如曾论证“新大星并火”可能是公元前14世纪的一次发生在心宿二附近的超新星爆发（Xu, Wang, Qu, 1992: 483—486），并且将其与射电源2CG353+16相联系，认为该伽马射电源是这次超新星爆发的遗迹。

需要注意的是，由于甲骨卜辞年代久远，即便是同一片卜辞，现在各家学者可能有不同的解读。因此以释文判断卜辞是否与天象有关，以及进一步推算天象的日期，就存在一定的不确定性，此处笔者选取了现有解读中较为主流的说法进行介绍。

公元前11世纪中叶，武王伐纣，周代商，中国进入了西周时期。与

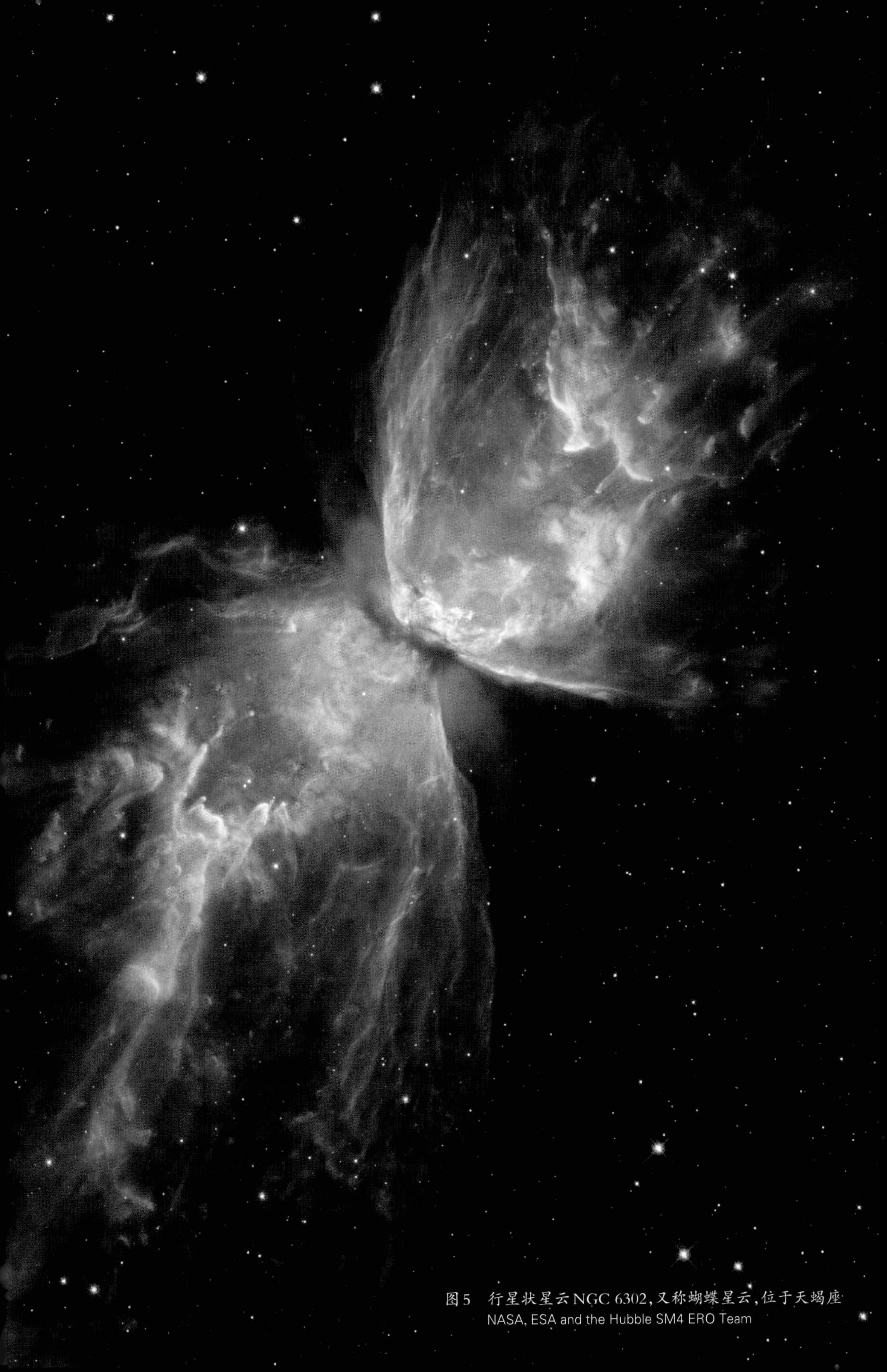

图5　行星状星云NGC 6302，又称蝴蝶星云，位于天蝎座
NASA, ESA and the Hubble SM4 ERO Team

图6 利簋

这一历史事件有关的一些天象记录被学者用于解决历史年代学问题，成为学界划分商周年代的重要参考坐标。1976年，在陕西临潼出土了一尊西周青铜器，又称“利簋”，这尊铜器属于一位名为“利”的人士。他随周武王参加伐纣战争，胜利后受到奖赏，于是铸造这件铜器以记功并用来祭奠祖先。

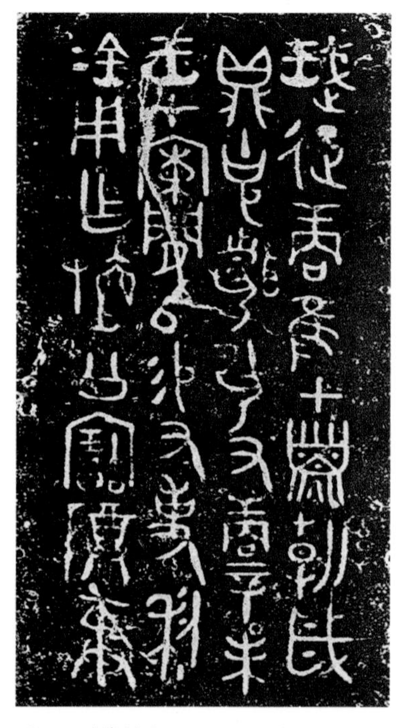

图7 利簋铭文

利簋内底部有一段铭文，共33字，前15字为“武王征商，唯甲子朝，岁鼎，克昏夙有商”，这表示武王伐纣之日为甲子日，当天清晨可见“岁鼎”天象，即木星（岁）上中天（鼎）。关于武王伐纣的具体日期，历代文献并没有给出一个确切的答案，但我们可以根据“甲子日”“岁鼎”这两个天文元素，结合后世文献，如第二章提及的《国语·周语下》中描述的武王伐纣时的一系列天象，利用现代天文学方法回推武王伐纣的日期。据《夏商周断代工程1996～2000年阶段成果报告：简本》，利用天文学方法可以把武王伐纣的年代限制在以下三个时间点：公元前1046年，公元前1044年，公元前1027年（夏商周断代工程专家组，2000：46—48）。

✩ 奠定传统：先秦时期的天文学萌芽

西周时由周王室制定并传播的一系列社会习俗，也被称为“礼乐制度”，对后世的政治、文化、艺术和思想影响巨大。春秋时儒家创始人孔子面对当时的社会乱象，曾极力主张恢复西周的礼乐制度，提倡“克己复礼”。周代相比前代，在国家层面的天文制度也趋于完备。相传周以前的天文官被称为重、黎或羲、和，负责观测天象、制定历法，并传授给人民。

到周代时，和天文有关的官员分工更加细致。据《周礼》记载，周代与天文有关的官职有太史、冯（píng）相氏、保章氏、鸡人、挈壶氏、土方氏等约十种。这里提到的冯相氏、保章氏负责观察日月星辰的变动，以辨明天下的“吉凶祸福”；鸡人专职负责夜间报时工作，通过大声呼叫告知他人时间；挈壶氏掌管时间计量，负责管理当时的计时工具；土方氏负责观察日影变化，校正时间。周代这套天文官员制度也如同礼乐制度一样，为后世树立了一个模范，其中“太史”作为天文官员的一种称谓被后世官方天文机构沿用。

西周末年，周王室的地位日渐式微，各诸侯国势力逐渐强大，不再听令于周天子。周平王迁都是一个重要的历史节点，此后中国进入了春秋战国时期。春秋战国时期是一个思想解放、百家争鸣的时代，这样的氛围非常有利于古代中国天文学的发展。

保章氏掌天星以志星辰日月之變動以觀天下之遷
辨其吉凶注志古文識識記也星謂五星辰日月所會
五星有贏縮圜角日有薄食運珥月有盈虧朓側匿之
變七者右行列舍天下禍福變移所在皆見焉音義識音
志又音試又如字下同運本又作煇又作暈音同朓他
了反晦而月見西方匿女力反劉吐則反朔而月見東
方曰側匿亦名
朒朒女六反
疏
釋曰上馮相氏掌日月星辰不變依
常度者此官掌日月星辰變動與常
不同以見吉凶之事注釋曰云志古文識識記也者古
之文字少志意之志與記識之志同後代自有記識之
字不復以志為識故云志古文識識即記也云星謂五
星者按天文志謂東方歲南方熒惑西方大白北方辰

欽定四庫全書
周禮注疏
卷二十六

中央鎮星云辰日月所會者左氏傳士文伯對晉侯之
辭也云五星有贏縮者按天文志云歲星所在其國不
可伐可以伐人趍舍如前曰贏贏為客晚出為縮縮為
主人故人有言曰天下太平五星循度亡有逆行日不
蝕朔月不蝕望云圜角者星備云五星更王相休廢其
色不同王則光芒相則內實休則光芒無角不動搖廢
則少光色順四時其國皆當也又云立春歲星王七十
二日其色有白光角芒土王三月十八日其色黃而大
休則圓廢則內虛立夏熒惑王七十二日色赤角黃土
王六月十八日其色黃而大立秋大白王七十二日光
芒無角土王九月十八日其色黃而大立冬辰星王七
十二日其色白芒角土王十二月十八日其色黃而大
星當王相不芒角其邦大弱強國削地大弱失國亡土
也云日有薄蝕運珥者此則視祲職具釋其事也云月
有虧盈者此則禮運所云三五而盈三五而闕也云朓
側匿之變者按尚書五行傳云晦而月見西方謂之朓

图8 《周礼》书影

知识卡片Knowledge card

《周礼》

《周礼》相传为周公所作，通过介绍周代的官制，描绘出古代儒家对理想社会的总构思，是中国第一部记载国家政权组织机构及其职能的书籍。《周礼》与《仪礼》《礼记》统称“三礼”。唐代将《周礼》立为九经，也是儒家十三经之一。《周礼》内容有六篇，分载天、地、春、夏、秋、冬六官，其中冬官经秦火已亡佚，汉时由《考工记》补足。

春秋时期有更多的天象记录被保留下来，人们依旧热衷于关注日食现象：作为鲁国编年史书的《春秋》记录了从鲁隐公元年（公元前722年）到鲁哀公十四年（公元前481年）期间242年历史中出现的37次日食，当中有3次日全食，记为“日有食之，既”①。

除了日食记录，《春秋》中还以确切日期记录了流星雨、陨石、彗

① “既”有“尽、完了、终了”的含义，日全食期间月球完全遮挡太阳的时刻称为“食既”。

图9　哈雷彗星

星、日南至（冬至）等少量天文事件（北京天文台，1988：3）。《春秋·庄公七年》记载，鲁庄公七年（前687年）“夏四月辛卯月，恒星不见，夜中星陨如雨”，这是世界上关于天琴座流星雨的最早记载。《春秋·文公十四年》记载，鲁文公十四年（前613年）“秋七月，有星孛入于北斗”。这被认为是关于哈雷彗星的最早记录。

《春秋》中记录天象日期所用历法无疑是鲁国的历法，即鲁历。鲁历与黄帝历、颛顼历、夏历、殷历、周历合称古六历。现代研究显示，古六历实际上是战国时期各诸侯国曾经使用的历法，原理上均属于四分历，即取一年长度为365.25日，0.25是1的四分之一，故曰“四分历”。古六历均为阴阳历，采用19年7闰的置闰规则以调和朔望月与回归年。

中国古代历法中与太阳运动相关的二十四节气也在春秋战国时期趋于完整。二十四节气中最早出现的节气当属夏至和冬至，因为这分别代表了一年当中正午日影最短和最长的时节，也可以通过感知昼夜长度的变化总

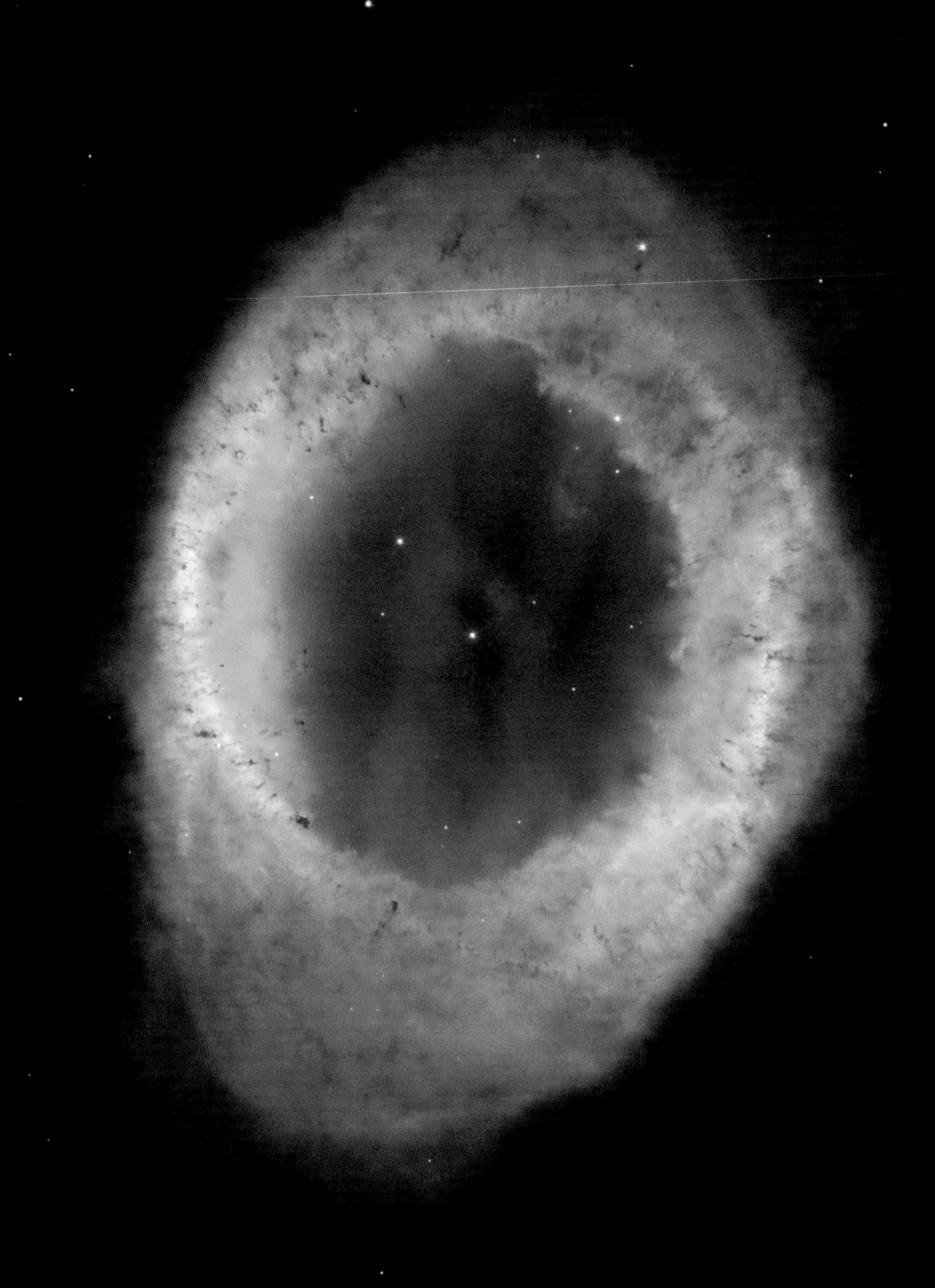

图10　行星状星云M57，又称环状星云，位于天琴座
NASA, ESA, and C. Robert O'Dell (Vanderbilt University)

结出来。而从昼夜长度变化出发也不难发展出春分、秋分的概念。《左传·僖公五年》（公元前655年）载有“凡分至启闭，必书云物”，历代学者注疏都认为这里的“分、至、启、闭”指的是春/秋分（分）、夏/冬至（至）、立春/夏（启）、立秋/冬（闭）这八个重要的节气。

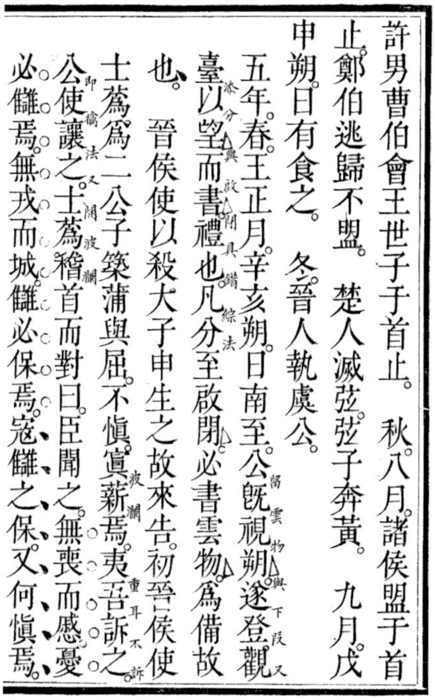

部分节气名称也已见于先秦文献中，如启蛰（惊蛰）、清明、大暑、白露、霜降等。成书于汉初的《淮南子·天文训》中记录了完整的二十四节气，名称与后世完全一致，因此可以推断现行二十四节气至晚在战国时期正式成型。

許男曹伯會王世子于首止。秋八月諸侯盟于首止。鄭伯逃歸不盟。楚人滅弦。弦子奔黃。九月戊申朔日有食之。冬晉人執虞公。五年春王正月辛亥朔日南至公既視朔遂登觀臺以望而書禮也凡分至啟閉必書雲物爲備故也。晉侯使以殺大子申生之故來告初晉侯使士蔿爲二公子築蒲與屈不慎寘薪焉夷吾訴之公使讓之士蔿稽首而對曰臣聞之無喪而慼憂必讎焉無戎而城讎必保焉寇讎之保又何慎焉

图11 《左传》书影

春秋战国时期各诸侯国有自己的天文官，当中最为著名的是魏国的石申夫（一说石申）与齐国（一说楚国）的甘德。石申夫与甘德的生卒年代皆不详，目前仅知二人活跃在公元前4世纪中叶。两人都曾留下天文著作，后世史书称石申夫著有《天文》八卷，甘德著有《天文星占》八卷，可惜皆已失传。不过在《史记》《汉书》等正史中有引述二人的一些工作，唐代瞿昙悉达编撰的《开元占经》中有以“石氏曰”“甘氏曰”开头的文段，可能摘自两人的作品。

《史记》与《汉书》皆论及甘、石二人发现了行星逆行现象。《史记·天官书》载“甘、石历五星法，唯独荧惑有返逆行”，荧惑即火星；《汉书·天文志》有“古历之推，无逆行者，至甘氏、石氏经，以荧惑、太白（即金星）为有逆行”。五大行星中，距离地球较近的火星的逆行现象最为显著，但也需要通过长时间连续观测才能觉察。

知识卡片Knowledge card

《淮南子》

《淮南子》本名《鸿烈》，公元前 120 年前后在淮南王刘安的主持下编撰而成，亦称《淮南鸿烈》。原有内、中、外三书，今仅存内书 21 篇，其中一篇专论天文，为《天文训》。《淮南子》以道家思想为主，杂糅儒、法、阴阳各家思想。其保留的先秦原始资料甚多，其中自然科学史资料颇为珍贵。

《开元占经》中以“石氏曰”的字样为标识，列出了 121 颗恒星（现存本中仅记录 115 颗）的位置。这一系列恒星坐标数据经过整理，成为了后世熟知的《石氏星经》。关于现存《石氏星经》中的恒星坐标是否出自石申夫本人的观测记录，近代以来的研究主要分为三种观点：第一种观点认为这就是石申夫本人在公元前 4 世纪观测所得；第二种观点认为观测数据可能出自两个年代，其中较古老的一批数据属于石申夫生活的年代；第三种观点认为观测数据的年代较晚，可能是公元前 1 世纪前后西汉时期的

晝出天子自將兵　焦延壽曰天樓星上近柱王者樓
殿有飛不知其處若有天火燒之者　郗萌曰天庫主
遠兵星搖者其將行星皆動將盡行　郗萌曰天庫星
衆則藏善散若皆去則兵起　石氏讚曰庫樓之官兵
所藏其中欲實惡虛空

南門星占二

石氏曰南門二星在庫樓南右星入軫十四度去極百三十度在黃道外二十一度太　春秋緯曰角南兩大星曰南門南門天之外門也　黃帝

欽定四庫全書　唐开元占经卷六十八　二

占曰南門星欲明執法吉人主昌吉星若不明非其故
則臣不忠若有兵起王者憂　石氏曰南門中有小星
三芒者則兵車出　石氏讚曰南門二星主守兵

平星占三

石氏曰平星二星在庫樓北西星入軫十四度去極百度在黃道外十一度太也
春秋合誠圖曰平星主廷平　論讖曰平星主法
黃帝占曰平星欲其明而正直大小齊同而明君臣和
政令行其星不明差戾不正君臣不和政法荒亂　石

图 12　《开元占经》书影

图13 南国秋季星空 照片中部偏右的亮星为北落师门(南鱼座α)

观测成果，甚至有可能出自唐代早期。可见《石氏星经》虽冠以“石氏”之名，但当中内容究竟是何时由何人观测所得，各家莫衷一是。不过可以肯定的是石申夫曾在二十八宿中各选取天赤道附近的一颗星作为该宿的距星，并沿天赤道方向测量了28颗距星的相对位置，得到了一组二十八宿距度。

同样在《开元占经》中，还有一则关于甘德观察到木星卫星的记录。《开元占经》卷二十三有“甘氏曰：单阏（yān）之岁，摄提格在卯，岁星在子，与婺（xū）女、虚、危晨出夕入，其状甚大有光，若有小赤星附于其侧，是谓同盟”的记录。

依照甘德所言，岁星与附于其侧的“小赤星”是“同盟”。据席泽宗（1981：3—6）考证，“同盟”一词意味着甘德意识到岁星与小赤星并非两颗不相干的星体，而是组成了一个系统。结合木星卫星的亮度与公转轨道半径，甘德很可能看到了木卫三或木卫四，观测时间是公元前364年的夏天。

从现存的甘、石二人相关文字中不难发现，在公元前4世纪中叶，二十八宿星空分野体系已经有了完整形制。现有文献资料显示，春秋时期二十八宿星名已初具规模，散见于文献当中。《诗经》中出现的九个星名，其中八个属于二十八宿；《左传》与《国语》中可以找到16种星名，归属于二十八宿的有12个（潘鼐，1989：8）。战国初年成书的《周礼·冬官考工记》中有“盖弓二十有八，以象星也”，这说明至晚在战国时，二十八

知识卡片Knowledge card

距星与距度

中国古代天文学家将黄道与天赤道附近的星空划分为28部分，称之二十八宿。石申夫参照二十八宿把天赤道分为28段，每一段以各宿中靠近天赤道的一颗恒星为起点，这颗星被称为距星，距星之间沿天赤道测量的度数差值为距度。

《开元占经》

《开元占经》又称《大唐开元占经》，由唐代时任太史监，印度裔学者瞿昙悉达主编，按《新唐书·艺文志》所述，全书共110卷。《开元占经》曾失传数百年，直到万历四十五年（公元1617年）才于一尊佛像腹中被重新发现。今本《开元占经》共120卷，书中不仅集录唐代以前各家星占学说，还有大量恒星观测与历法资料，是研究中国古代天文学不可或缺的宝贵资料库。

图 14　木星与木卫，可见木星表面有明显的条纹特征

宿已经形成了一个完整的体系。

1978 年，湖北随县战国初曾侯乙墓出土了一个漆箱，在它的盖子上绘有青龙、白虎，中间书写一个“斗”字，围绕“斗”字有 28 个字，正是二十八宿的名称。这是迄今为止所发现的包含完整的二十八宿的最早文字记载。这种描绘在日常生活用具上的图案表明，完整的二十八宿体系在战国初年已经存在。

图 15　曾侯乙墓漆箱盖二十八宿图像

墓葬中的帛书与漆器：秦汉之际的天文文物

公元前 221 年，春秋战国延续了数百年的群雄割据局面最终画上了句号，秦国统一了中原，建立了中国历史上第一个中央集权政权。秦二世而亡，后有楚汉相争，刘邦于公元前 202 年取得最终胜利，建立汉朝。从战国末年到汉初，战火纷飞，其间又有秦始皇焚书坑儒，对于文物文献的流传十分不利。

20 世纪 70 年代，中国考古学界发现了两处西汉初年的墓葬：马王堆汉墓与西汉汝阴侯墓。当中的出土文物得以让我们窥见秦汉之际（公元前 3 世纪末至前 2 世纪中叶）中国天文学的面貌。

从马王堆出土的文物之中，有三幅帛书被认为与天文术数有关。根据内容，它们分别被命名为《五星占》《天文气象杂占》与《日月风雨云气占》。其中的《五星占》包含三颗行星的动态与行度记录，《天文气象杂占》记录了彗星图，反映出当时的人们对行星运动以及彗星的认识。

《五星占》全文共计 146 行（据新近研究为 144 行），共 8000 余字，可大致分为两部分：第一部分为前 76（74）行，皆为与水星、金星、火星、木星、土星共五颗行星相关的星占术文；后 70 行则依次是木星、土星和金星自秦始皇元年（公元前 246 年）至汉文帝三年（公元前 177 年）共 70 年间的动态记录。

帛书首先给出三颗行星 70 年间每年的动态，在 70 年动态后又给出三颗行星以秦始皇元年为起点的一个会合周期内的运动情况。帛书作者假定木星和土星的运动是匀速的，以它们各自相对背景恒星运行一周的时间推算出两者的每日行度、行一度所需的时间，以及一年的总行度。

《五星占》认为，金星在一个会合周期内的运动速度是变化的。金星在一个会合周期内的动态，依据其可见性，可以分为四个阶段，其中晨见阶段（此时金星为启明星）金星的运动速度由慢转快，夕见阶段（此时金星为长庚星）的运动速度由快转慢。《五星占》用分段函数的形式具

☆知识卡片Knowledge card

马王堆汉墓

马王堆汉墓是西汉初期长沙国丞相利苍及其家属的墓葬，位于湖南省长沙市。1972—1974 年，考古工作者在这里先后发掘了 3 座西汉时期墓葬。墓葬的结构宏伟复杂，椁室构筑在墓坑底部，由三椁、三棺及垫木所组成。木棺四周及其上部填有木炭，木炭外又用白膏泥填塞封固。墓葬内的随葬品十分丰富，共出土丝织品、帛书、帛画、漆器、陶器、竹简、印章、封泥、竹木器、农畜产品、中草药等遗物 3000 余件。

图 16　长沙马王堆汉墓发掘现场

图 17　帛书《五星占》局部

表1 《五星占》中木星与土星的行度数据

行星	天数	行度	折合角度
木星	日	廿分	0.083°
	十二日	一度	0.986°
	终岁	卅度百五分	30°
	十二岁	一周天	360°
土星	日	八分	0.033°
	卅日	一度	0.986°
	终岁	十二度卌二分	12°
	卅岁	一周天	360°

表2 根据《五星占》原文整理的金星运动模型

阶段	天数	每日行度	折合角度
晨见	百日	百廿分	0.493°
	六十日	一度	0.986°
	六十四日	一度百八十七分(半)	1.756°
浸行	百廿日	无	
夕见	百日	一度百廿八分	1.511°
	六十日	一度	0.986°
	六十四日	卌分	0.164°
伏	十六日九十六分	无	

体描述了金星运动速度的变化，相当于给出了金星在一个会合周期内的运动模型。

《五星占》还给出了三颗行星各自的会合周期，即太阳、地球和行星在空间中的相对位置重复一次的时间。木星会合周期为 395.4375 日，土星为 377 日，金星为 584.4 日，这三个数值应是帛书作者基于实际观测以及对三颗行星运动的认识推算而得。

以金星为例，当时已经发现金星“八年五复”的现象，即在八年时间里相同的金星动态会重复出现五次。当时人认为一年是 365.25 天，稍作换算可知地球与金星的会合周期为 584.4 日，这与现代测量值 583.92 日相差无几。

马王堆汉墓《天文气象杂占》中的彗星图是迄今为止世界上最早的关于彗星形态的文献。帛书上画有 29 幅形态各异的彗星，每幅图下方都有相对应的占文。据席泽宗（1978：5）考证，帛书中出现了 18 种彗星的名称，其中有一半是过去文献中不曾出现的。29 条占文中有 10 条都出现了“北宫”字样，其中一条为“北宫曰”，这说明“北宫”可能是先秦时一位星占家的姓氏，和甘德、石申夫是同行，且专于研究彗星。

于 1977 年 7 月发现的西汉汝阴侯墓中有两件漆器引起了天文学史研究者的关注。经石云里等人（石云里，方林，韩朝，2012）的考证与还

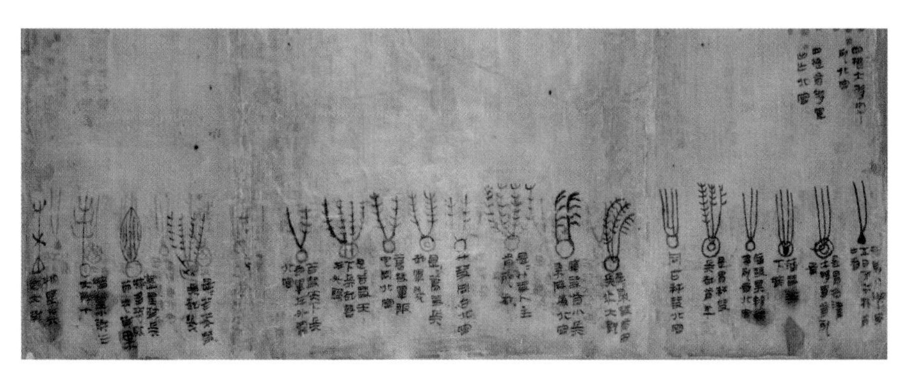

图 18　马王堆汉墓彗星图局部

原，其中一件漆器带有测定春秋分和冬夏至正午影长的功能，是迄今所见的我国历史上最早的圭表实物；另一件漆器圆盘配合同墓出土的支撑架可以组成一件赤道式观测仪，是迄今所见最早且具有确定年代（公元前 2 世纪中叶）的赤道式观测仪器。

知识卡片Knowledge card

汝阴侯墓

西汉汝阴侯墓又称双古堆汉墓，为西汉汝阴侯夏侯灶及其妻的墓葬，位于安徽阜阳西郊。夏侯灶是西汉开国功臣夏侯婴之子，为第二代汝阴侯。墓葬出土文物有竹简、漆器、铜器、陶器、铁器、骨器及金银器等。

圭表是中国最古老也最简单的一种天文仪器，可用于测量正午日影长度，确定二十四节气时刻，推算回归年长度。圭表一般由两部分组成，一为垂直于地面的“表”，一为正南北放置的带刻度的“圭”，表一般立于圭的最南端，当太阳过中天时表影投在圭上，便可根据刻度读出表影长度。

图 19　圭表

图20　漆器复原图

圭表的形制来源于新石器时代就已出现的立杆测影，当时的先民发现物体的影子会随着寒暑交替发生规律性的改变，此时还未出现专门用于测影的仪器，他们一般选择一根规整的木杆或石柱作为测影的工具。

大约在春秋时期，专用的“表”开始出现，规定长度为八尺，可能来自于人的身高。据邓可卉考证（邓可卉，李迪，1999：48—51），早期测表影是根据影子的位置在平地上作标记，“土圭”则是指这样的标记行为。直到汉代甚至更晚才出现了实体化的圭与表搭配使用，圭表也正式定型。夏侯灶墓出土的这件圭表也反映出在汉初时带有刻度的圭尚未正式出现。

夏侯灶墓圭表经还原是一件可折叠的木质彩绘漆器，折叠长度为34.5厘米，展开后总长为68厘米，内有两个可竖起的长方形立耳，竖起后的高度约为15厘米，是用于产生日影的表，当漆器展开后沿正南北方向放置时，正午时分的表影就会投射在底座上。底座上有三个特殊标记，分别对应阜阳（漆器的出土地点）冬至、夏至以及春秋分时正午影长的位置。

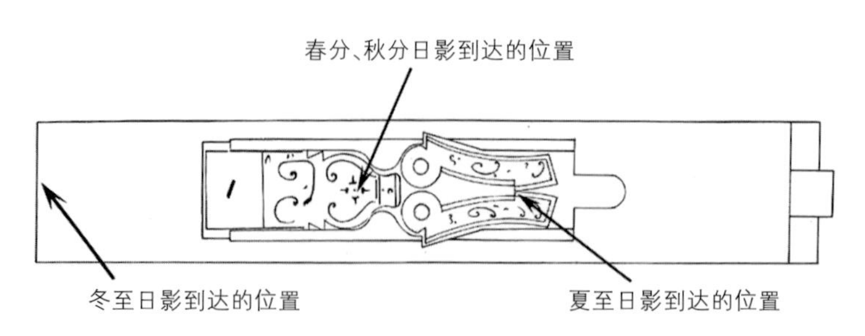

图21　漆器底座上指示冬至、夏至以及春秋分的特殊点

夏侯灶墓出土的另一件天文仪器由两部分组成，一个是二十八宿星盘，一个是栻盘架。二十八宿星盘由上盘和下盘组成，上盘标示有北斗七星图像，边沿有365个小孔，对应一周天的度数，小孔可插入指针充当定标；下盘边沿标示有二十八宿名称及每一宿的距度。上下盘心有孔相通，也可插入指针。

图22　夏侯灶墓出土的二十八宿星盘实物

图23　夏侯灶墓“圆仪”复原图

同墓出土的栻盘架可以支撑二十八宿星盘，使其与阜阳当地的天赤道面平行，形成一个赤道式观测装置，此时星盘与地平的夹角约为32.63°，接近阜阳当地地理纬度32.9°，当把整个装置沿正南北方向放置时，盘心指针指向北天极。运用该仪器可以测量两颗天体之间的距度（赤经差）。《后汉书・律历志中》曾载“案甘露二年大司农中丞耿寿昌奏，以圆仪度日月行，考验天运状……”该观测装置很可能就是史书中提及的“圆仪”，是中国浑仪的直接始祖。

究天人之际：司马迁与天学三志

两汉时期（前206—220）出现了最早的一批传世天文学文献，例如《淮南子・天文训》《周髀算经》《灵宪》等，但最系统、最完整、记载资料最丰富的传世天文典籍当首推历代官史中的天文、律历、五行等志。这种在官修史书中关注天文的做法始于西汉的司马迁。

图24　司马迁

司马迁（前145—前86），字子长，夏阳（今陕西韩城）人，他的父亲司马谈是汉武帝时的太史令，这个职位既是史官，也是当时最高的天文官。按照司马迁自己的说法，他们的家族是天文官世家，在家学渊源的影响下司马迁自然也是精于天文历算。

公元前108年，司马迁子承父业当上了太史令。在任内，他向汉武帝上奏提议改历。新历法以汉武帝的年号“太初”为名，是谓“太初历”（关于太初改历的经过见本书下一节）。

司马迁在人生的后半段专注于撰写一部史书，他希望通过这部书“究天人之际，通古今之变，成一家之言”，这便是后来的《史记》。司马迁在《史记》中对天文学给予了很大关注，其中有《历书》与《天官书》两篇专论天文历法的文字，开创了中国正史系统记述天文学史料的传统，使我国历代天文学的丰富史料得以流传。自汉代起，中国的许多天文学史料都能在历代正史中的“天学三志”（指天文志、律历志、五行志）等章节中找到，这对于我们了解中国古代天文学大有裨益。

历代正史中的天文志一般包括以下几项内容：天象记录及其相关的星占占辞、事验（历代天文志是古代天象记录的主要来源），恒星分野体系与恒星测量资料，历代天文学思想，历代天文大事记，天文仪器的建造与改革，等等。

律历志的内容涉及历代施行历法的内容、原理与数据，这是研究古代历法时最为重要的史料来源；律历志当中通常还保存了历法改革过程中一些代表人物的改历思想。

五行志一般讲述各地的灾异、祥瑞，而这些内容中常混有日食、彗

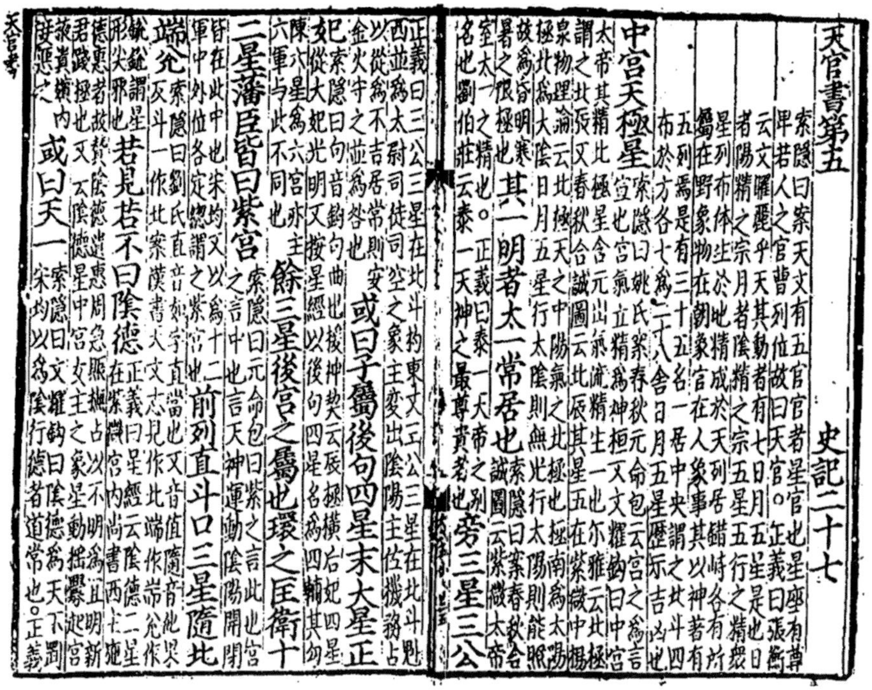

天官書第五　史記二十七

中宮天極星其一明者太一常居也旁三星三公或曰子屬後句四星末大星正妃餘三星後宮之屬也環之匡衛十二星藩臣皆曰紫宮前列直斗口三星隨北端兌若見若不曰陰德或曰天一

图 25 《史记·天官书》书影

星等天象信息，也是宝贵的古代天象记录。某些正史会把天象资料集中保存在五行志而非天文志当中，如《汉书》《后汉书》《宋书》等。

不难看出，天学三志以天文志为首。作为历代天文志的开山之作，司马迁的《史记·天官书》揽得许多个“第一”。《天官书》是现存介绍全天星官最早的完整文献，记述了全天五宫 97 个星官共 551 颗星（赵继宁，2010）。司马迁把全天星空分为东、南、西、北、中五宫，其中的中宫涵盖了北天极附近的天区，其余四宫则基本对应后世的四象——东宫苍龙、南宫朱雀（《史记》称朱鸟）、西宫白虎（《史记》称咸池）与北宫玄武。此时的星官体系与后世定型的三垣二十八宿体系还有一定区别。《天官书》首次给出了五大行星在一个会合周期内的完整动态，相比马王堆出土的《五星占》，增加了水星和火星的记录。司马迁还通过考察历史上的天象记录，发现五大行星都有逆行现象：“余观史记，考行事，百年之中，五星无出而不反逆行。”而且，行星在逆行时亮度会增加：“反逆行，尝盛大而变色。”

如今我们肉眼可见的五大行星名称——金木水火土，首见于《天官书》。在此之前，这五颗星分别叫辰星、太白、荧惑、岁星、填星（镇星）。司马迁按照五行理论，根据五颗行星目视时的颜色观感分别命名它们为：木青、土黄、火赤、金白、水黑（陈久金，2008：31）。《天官书》还首次记述了恒星颜色，司马迁同样套用了五色理论：白色星的代表是天狼星，赤色星的代表是心宿二，黄色星的代表是参宿四，青色星的代表是参宿五，黑色星的代表是奎宿九，等等。这里提到的参宿四与奎宿九的颜色不符合现代观测结果。参宿四的颜色变化可能是从司马迁生活的时代到现在的两千多年间恒星演化的结果。至于奎宿九，恒星作为发光体不会真的是黑色，此处将其作为黑色星的代表，可能一来是为了和五行理论匹配，二来中国古代确实有将暗色系的颜色称为墨色、黑色的习惯，而奎宿九是一颗视星等为 2.37 等的暗红色恒星。

《天官书》中还首次出现了依据亮度划分的恒星等级，类似于古希腊

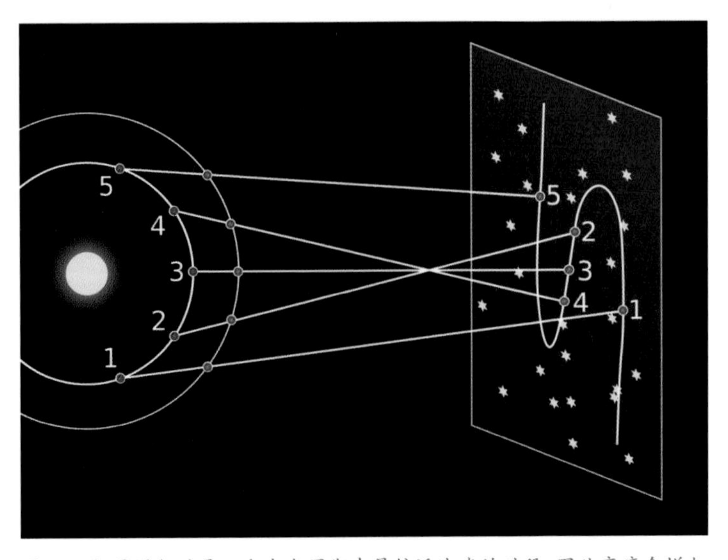

图 26　行星逆行时是一个会合周期中最接近地球的时段，因此亮度会增加

天文学家提出的星等概念。《天官书》把恒星分为五等，其中最亮的称为“大星”，大部分是亮度在1.5等以上的恒星；次一级的为“明者”，亮度在2等左右；第三级是不加特殊称谓的一般星，大多数的亮度在3~4等；更暗的被称为“小星”，平均亮度在4.5等上下；最暗的星被称为“若见若不”，亮度在5~6等，接近肉眼目视的极限，介于可见与不可见的临界点。

在正史中能够发现大量的天文史料并不是偶然。如果仅就《天官书》而言，这或许与司马迁本人的身份有关，毕竟他是天文世家出身。然而这种看似“一家之言”的做法却在后世正史中被继承了下来，这涉及古代政治与天文的紧密联系。

在本书第二章的“星占起源”一节中，我们提到过，古代中国人观天，不仅是为了更好地指导农耕，更是为了实现重要的社会功能，尤其是统治阶层，他们希望通过观天以窥得“天机”，了解自己是否得到了“天命眷顾”。在本章的第一节中，我们介绍了现代学者尝试通过史料中的天

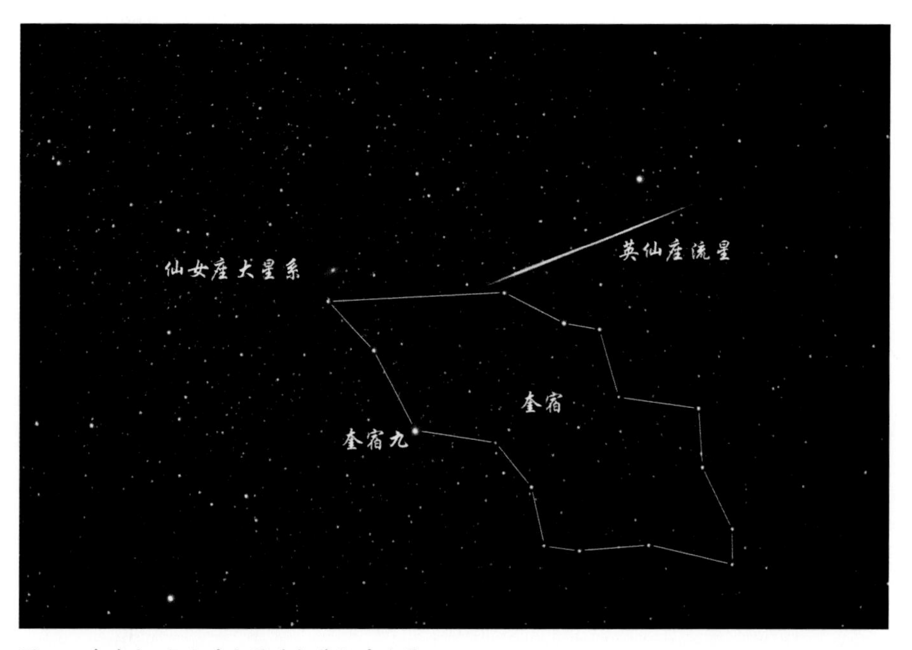

图27　奎宿九、仙女座大星系与英仙座流星

图28　麒麟座的一颗红色变星：麒麟座V838
NASA, ESA, and The Hubble Heritage Team（AURA/STScI）

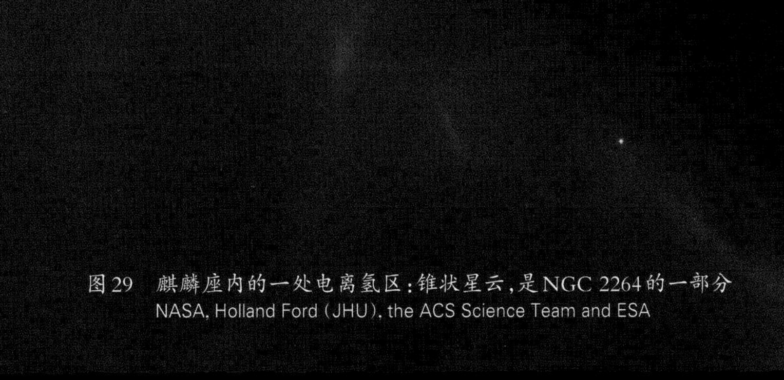

图29　麒麟座内的一处电离氢区：锥状星云，是NGC 2264的一部分
NASA, Holland Ford (JHU), the ACS Science Team and ESA

象确定武王伐纣的年代，实际上武王伐纣期间出现的那些天象算不上有多么罕见，记录者也并不是对天象本身有多大的兴趣，记录的目的是希望通过天象向世人宣告，周代商乃是“天命所归”。在这种思想的影响之下，也就不难理解为何正史中有着如此深厚的天文传统了。

✩ 从太初历到后汉四分历：两汉历法的变迁

中国古代天文学中的“历法”是一个很特别的概念。在先秦时期，它与如今语境下的“历法”并无不同，也是本书此前论及“历法”时所采用的内涵——一种为系统记录时间流逝而发明的[illegible]时规则。

不同文明，不同年代的历法其[illegible]编排方式，以及置闰规则的不同。但从西汉[illegible]历法所涵盖的内容明显超过了我们日常熟[illegible]

西汉初使用的历法[illegible]汉武帝时，由于所用历法行用时间太久，误差已非常[illegible]著，《汉书·律历志》有“朔晦月见，弦望满亏”，本来每月的最后一日（晦）和第一日（朔）月亮应当不可见，但现在却能看到月亮；本该出现满月的日子（望）却看到了不满的弦月

图30　汉武帝

☆知识卡片Knowledge card

汉武帝刘彻

汉武帝刘彻（前156—前87）是西汉王朝第七位皇帝，在位54年。汉武帝对内开创了察举制并兴太学，培养出许多名臣良将；颁布《推恩令》，削弱地方诸侯的势力；将盐铁和铸币权收归中央专卖；另外罢黜百家，独尊儒术，儒学从此成为中国社会主流思想，另有开辟丝绸之路、使用年号、设立刺史、加强内官权力等划时代的措施。对外汉武帝一改前朝和亲传统，转用武力对付匈奴，发动第二次汉匈战争。

或亏月。从确保历法准确的角度来看，改历非常有必要。

元封七年（公元前 104 年），公孙卿、壶遂、司马迁上奏汉武帝“历纪费坏，宜改正朔”，提出应制定新的历法，取代秦制。此时的汉武帝也希望通过一些行动进一步加强自己的权威，他下诏向时任御史大夫兒宽询问相关事宜，兒宽回复称“帝王必改正朔，易服色，所以明受命于天也”，这使得汉武帝下定决心改历。

《汉书・律历志上》记载司马迁等人在改历过程中遭遇了一些瓶颈：“姓等奏不能为算，愿募治历者，更造密度，各自增减，以造汉太初历”，于是汉武帝再次下诏，重新招募了治历者二十余人，其中就包括邓平、落下闳等来自民间的治历人士。最后经过辩论、比较和实测检验，汉武帝在上呈的 18 种改历方案里选定了邓平、落下闳创制的新历，同时将元封七年改元为太初元年，新历因此被称为太初历。

太初历与颛顼历相比，最大的创新是使用了新的置闰规则。颛顼历是固定的年终置闰，当需要插入闰月时，就重复一年中的最后一个月，即闰九月。太初历结合二十四节气首次提出了无中气置闰法，《汉书・律历志》载“朔不得中，是谓闰月”。这种置闰方法可以最大限度确保季节与月份相匹配，相比过去的年终置闰更加科学，从太初历开始直到现代农历，两

图 31　落下闳雕像

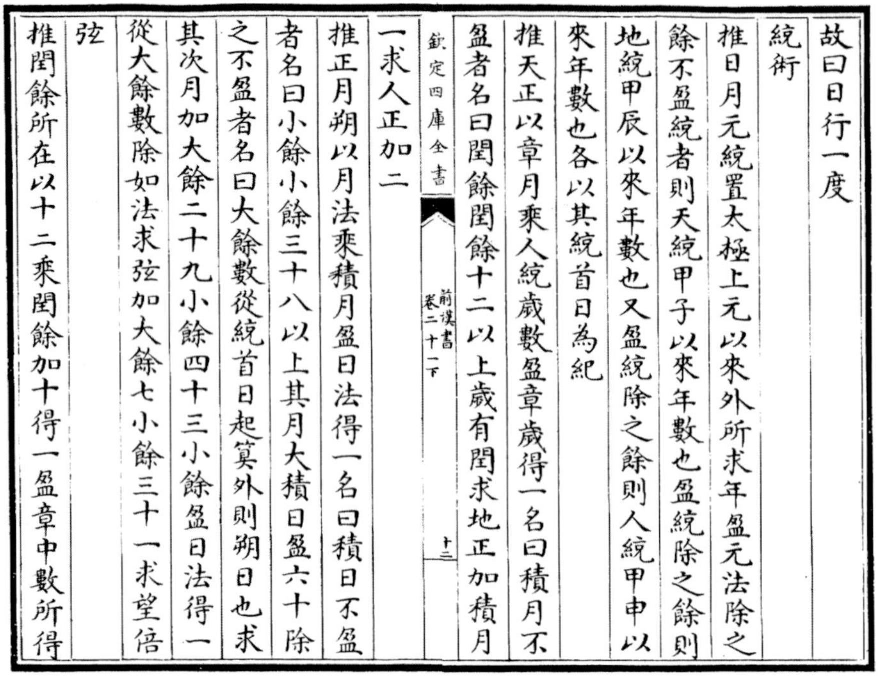

故曰日行一度
統術
推日月元統置太極上元以來外所求年盈元法除之
餘不盈統者則天統甲子以來年數也盈統除之餘則
地統甲辰以來年數也又盈統除之餘則人統甲申以
來年數也各以其統首日為紀
推天正以章月乘人統歲數盈章歲得一名曰積月不
盈者名曰閏餘閏餘十二以上歲有閏求地正加積月

欽定四庫全書　前漢書 卷二十一下　十二

一求人正加二
推正月朔以月法乘積月盈日法得一名曰積日不盈
者名曰小餘小餘三十八以上其月大積日盈六十除
之不盈者名曰大餘數從統首日起筭外則朔日也求
其次月加大餘二十九小餘四十三小餘盈日法得一
從大餘數除如法求弦加大餘七小餘三十一求望倍
弦
推閏餘所在以十二乘閏餘加十得一盈章中數所得

图32　《汉书·律历志中》的三统历术文

千多年间的中国历法（详见本书第二章“历法”一节）都采用这种置闰法则。

《史记》与《汉书》都记述了太初改历的过程，但太初历的原始术文并未得到保留。西汉末年，刘歆在太初历的基础上发展出三统历，《汉书·律历志中》保留了完整的三统历术文。考虑到太初历与三统历的紧密联系，可以认为太初历/三统历是中国历史上流传于世的第一部完整历法。

从术文内容看，三统历可分为六个章节，分别是统母、纪母、五步、统术、纪术和岁术。统母和纪母章节给出了和日月五星相关的一系列基本数据，这些数据会在后面的计算中使用到；五步章节列出了五大行星在一个会合周期内的动态；统术章节给出了推算历元、节气、朔日、闰余（什么时候要置闰）、月食等与日月位置有关项目的方法；纪术章节介绍的是推求五星位置和对应时刻的算法；岁术章节包含了推算岁星纪年的方法，以及十二星次和二十八宿的星度表等资料。从三统历的内容中，我们可以发现中国古代历法所囊括的内容实际上从西汉起就已经远远超出一般意义上的“历法”，而更加接近现代意义的“天文年历”。

东汉初年，太初历误差积累已达一日，改历势在必行。元和二年（公元 85 年）太初历被废止，改为施行四分历（史称后汉四分历）。这一时期围绕历法产生了不少讨论，其中以经学家贾逵的论述最为知名。贾逵（30—101）字景伯，出身于士大夫世家，其九世祖是汉初著名学者贾谊。贾逵是古文经学派的代表人物之一，对天文学也颇有研究。

图 33　贾逵

知识卡片Knowledge card

耿寿昌

耿寿昌，生卒年不详，西汉宣帝时人，精于理财，对天文历算颇有研究。宣帝时为大司农中丞，后封关内侯。曾上奏建议西北各郡设置“常平仓”，谷贱时增价补进，谷贵时减价出售以利农业，并供给北部边境，减省了运输粮食的费用。

对于历法，贾逵主要提出了三个改进建议。其一是倡导沿黄道测量日月行度。西汉时宣帝大司农耿寿昌就曾经上奏，称沿赤道测量日月运动会产生误差。这是因为当时测天使用的圆仪是一种赤道式仪器，沿天赤道测量在黄道上运动的日月自然会有误差。贾逵向汉和帝上奏，要求制造能够沿黄道测天的仪器。《后汉书・律历志中》有“至（永元）十五年（103 年），诏书造太史黄道铜仪”的记载。

贾逵的第二个建议是要留意月球运动的不均匀性。《后汉书・律历志中》载：“逵论曰：又今史官推合朔、弦、望、月食加时，率多不中，在于不知月行迟疾意。”如果不考虑月球的非匀速运动，仍然按照匀速运动去计算朔望、日月食等与月球运动相关的项目，必然会出现偏差。

贾逵的第三个建议是针对整个历法体系提出的。他用太初历和新历（即后汉四分历）分别考察两者推算不同时期日食的精确度，发现太初历的结果与太初元年前后的天象符合得比较好，相比之下新历与晚近的天象更加符合，因此贾逵认为历法必须不断改进。古代天文观测精度有限，一些天文常数无法做到完全准确的测定，例如太初历的岁实（回归年）和朔策（朔望月）的大小相比真实值都有偏大的问题，虽然后汉四分历针对这个问题作出了一定修正，但仍然偏大，偏大的结果是当历法施行足够长的时间后，历法与实际天象会不可避免地出现偏差。

✩ 论天三家：两汉时期的宇宙论概述

两汉四百年间，中国天文学除了在历法方面有所发展，对于宇宙的认识也趋于多元，出现了诸多关于宇宙结构的理论，其中影响较大的有三种，分别是盖天说、浑天说以及宣夜说。《宋书·天文志》中记载了汉灵帝时学者蔡邕（yōng）的一番言论："论天体者三家，宣夜之学，绝无师法。《周髀》术数具存，考验天状，多所违失。惟浑天近得其情……"蔡邕口中的《周髀》是中国流传至今最古老的一部天文算术书，唐初李淳风将其列入《算经十书》，改称《周髀算经》。

《周髀算经》是论述盖天说的代表作品，江晓原认为《周髀算经》构建了古代中国唯一一个几何宇宙模型，有明确的结构以及具体的能够自洽的数理（江晓原，2015：46）。《周髀算经》在默认天地是平行平面（江晓原，2015：17）的前提下，以对正午周髀影长的观察，构建了盖天宇宙模型。

《周髀算经》中称测影表杆为"周髀"。周髀高 8 尺，当它沿南北方向移动 1000 里时，正午影长的变化值为 1 寸，即"勾之损益寸千里"。

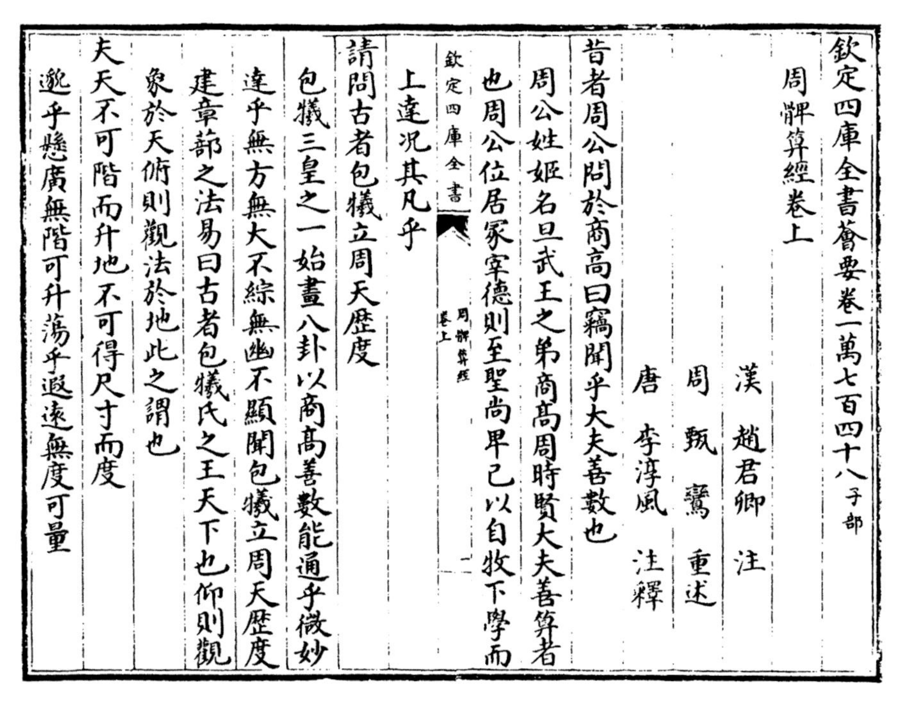
欽定四庫全書薈要卷一萬七百四十八 子部

周髀算經卷上

漢 趙君卿 注

周 甄鸞 重述

唐 李淳風 注釋

昔者周公問於商高曰竊聞乎大夫善數也

周公姓姬名旦武王之弟商高周時賢大夫善筭者也周公位居冢宰德則至聖尚卑己以自牧下學而

欽定四庫全書 周髀算經 卷上 一

上達況其凡乎

請問古者包犧立周天歷度

包犧三皇之一始畫八卦以商高善數能通乎微妙達乎無方無大不綜無幽不顯聞包犧立周天歷度建章蔀之法易曰古者包犧氏之王天下也仰則觀象於天俯則觀法於地此之謂也

夫天不可階而升地不可得尺寸而度

邈乎懸廣無階可升蕩乎遐遠無度可量

图 34 《周髀算经》书影

如果将这个 1000 里等于 1 寸的变化率外推，结合已知夏至日与冬至日的周髀影长，就可以推算出冬至日和夏至日正午太阳投影位置与观测点（《周髀算经》中的观测点为周地）之间的距离。《周髀算经》给出的结果是夏至日太阳直射点在周地以南 16000 里处，冬至日太阳直射点在周地以南 135000 里的地方。由此还可以通过相似三角形原理得出太阳在直射点正上方 80000 里，即天与地的距离是 80000 里。

知识卡片Knowledge card

《周髀算经》

原名《周髀》，作者不详，成书时间不晚于西汉（约公元前 1 世纪）。《周髀》的内容可大致分为三部分：其一为周公与商高的对话，阐明勾股定理及其在实际测量中的应用；其二是荣方与陈子的对话，陈子从一个基本测量结果推导出整个盖天几何模型；第三部分是盖天宇宙模型的应用，例如用盖天宇宙模型解释昼夜成因，求二十四节气对应的影长、回归年/朔望月长度等基本天文数据。

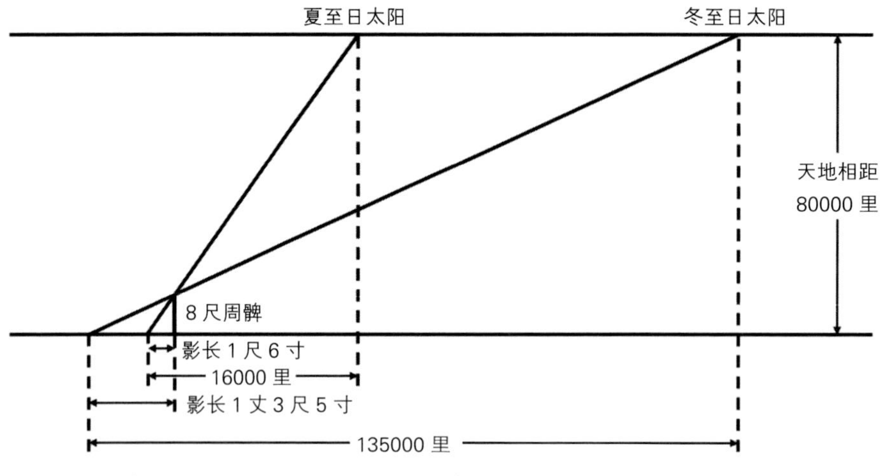

图 35　利用“勾之损益寸千里”推导出天地距离等数据

盖天宇宙模型认为，所有天体围绕北天极作圆周运动，这显然是从恒星周日视运动得到的结果，所以北天极与周地的距离也很重要。套用“勾之损益寸千里”之法可得北天极距离周地 103000 里。《周髀算经》还指出北天极附近有一“极下璇玑”，“璇玑”大小是以北天极在地面的投影点为圆心，半径 11500 里的范围，比正常地面高出 60000 里，“璇玑”上方的天空也会比四周天空高 60000 里。至此《周髀算经》中的盖天宇宙模型初显轮廓：宇宙由“天”和“地”两部分组成，天在上，地在下，天地的总体形状是相互平行的平面，地面在中央处有一名为“极下璇玑”的突出。

盖天宇宙模型中，太阳作为天体同样是绕北天极运动，其运动轨迹称为“日道”。夏至时的日道也称“内衡”，冬至时的日道称“外衡”，每年

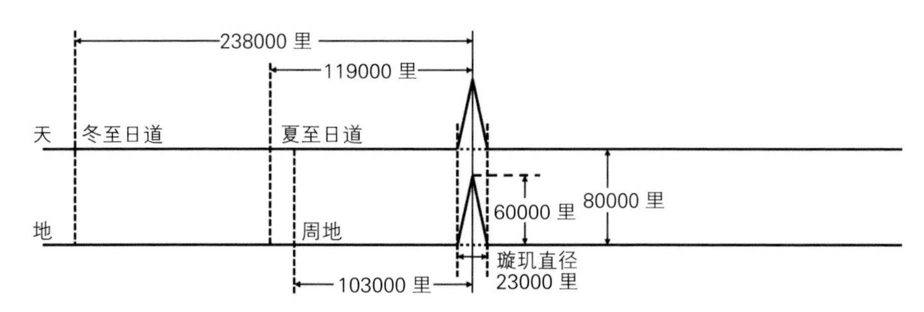

图 36　盖天宇宙模型全貌

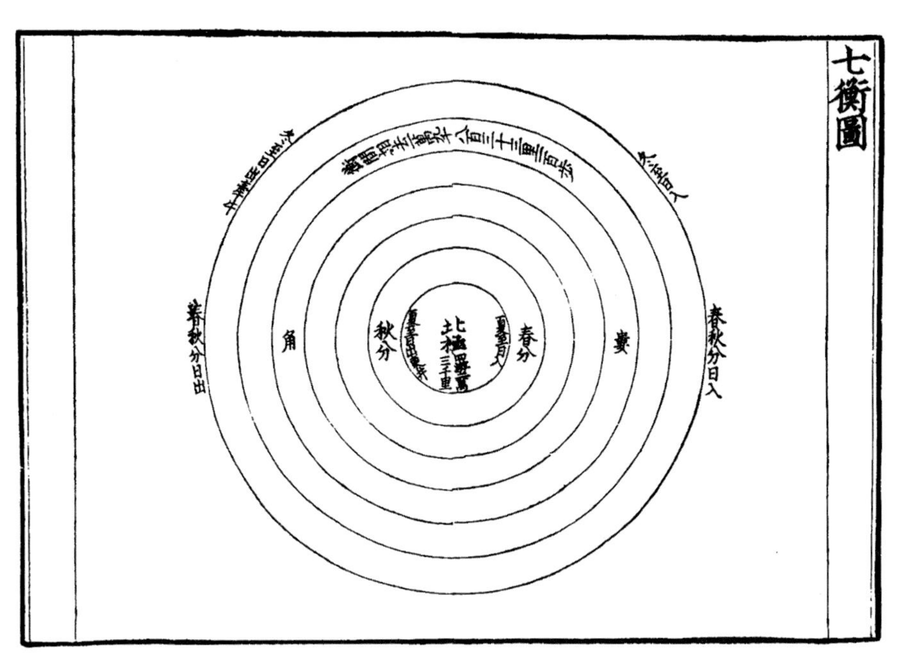

图 37 “七衡六间”图

图 38 北京冬奥会奖牌设计灵感来自于盖天说中的七衡六间

夏至时太阳在内衡上运动，随后日道逐渐向外移动，直到冬至时达到最大（即外衡），冬至过后日道又逐渐缩小，到夏至时太阳又回到内衡。《周髀算经》中给出了一幅“七衡六间”图用来描述太阳在一年之中运行轨道的变化。有意思的是，第 24 届北京冬季奥运会奖牌的部分设计灵感就是来自七衡六间图①。

① 奖牌设计团队成员之一的高艺桐提出，以中国古代天文图中的“七衡六间图”为奖牌图案的视觉来源，体现日月星辰运行的动态意象，取名“五环同心”，寓意“天地合·人心同”的人文内涵。

由于盖天宇宙模型中天地是平行的平面，太阳在任意时刻都在地面之上，那么在这一前提下要如何解释日出日落以及昼夜变化呢?《周髀算经》中给出的解释是“日照四旁各十六万七千里”，太阳光的照射范围是有限的，只能覆盖以直射点为圆心，半径 167000 里的圆形范围，同时人眼的视野范围也是这个大小：“人所望见，远近宜如日光所照。”盖天宇宙模型中把太阳能够照耀到的范围视作整个宇宙的大小，具体指外衡半径加上太阳的光照范围，即以北极为圆心，半径 405000 里、高 80000 里的天地空间。

实际上《周髀》的盖天宇宙模型只是盖天说中的一个主要流派。总体而言，盖天说论述的是一种“天在上，地在下”的天地结构，在汉代以前处于主流地位。但在太初改历时，持浑天观点的落下闳得到汉武帝赏识，并决定采用由他编订的历法，因而盖天说的地位在官方层面开始逐渐下降。通过西汉末学者扬雄的论述，我们可以一窥浑天说草创时的

图 39　基于浑天说理论设计的天文观测仪器——浑仪

概况："或问浑天。曰：落下闳营之，鲜于妄人度之，耿中丞象之……[1]"

浑天说与盖天说最大的区别，在于两者对天地位置关系的描述。浑天说认为天与地的位置关系是"天在外，地在内"，天完全包裹着地，地在天之中（关于浑天说的成熟理论见本书下一节）。

在公元前1世纪，浑天说借助历法改革的契机开始发展成熟，此时发生了浑天说与盖天说孰优孰劣的激烈争论。西汉时的学者扬雄和桓谭曾经就此问题展开争论，争论的结果是原本持盖天说观点的扬雄被说服接受了浑天说，之后更是写出《难盖天八事》，从八个不同的角度论述盖天说的不足。以现在的眼光评判，扬雄的"八难"之中有四条（第三、四、七、八条）略显偏颇，不能从根本上驳倒盖天说。剩下四条中，第一条为扬雄对《周髀》盖天说理论自相矛盾之处的指正，第二、五、六条则揭露了《周髀》盖天说中的一些并不符合客观事实的推论。

图40　扬雄

知识卡片Knowledge card

扬雄

扬雄（前53—18），字子云，是西汉著名哲学家、文学家和语言学家，蜀郡成都（今四川成都）人。成帝时任给事黄门郎，新莽时任大夫，校书天禄阁。著有《法言》《太玄》和《方言》等书。《法言》中有目前可见论述浑天说发展的最早文字。扬雄在晚年提出"难盖天八事"，批判盖天说的不足，从而突出浑天说之优越。

扬雄在第一难中写道："日之东行循黄道，昼夜中规。牵牛距北极北百一十度，东井距北极南七十度，并百八十度。周三径一，二十八宿周天当五百四十度。今三百六十度，何也?"按照《周髀》的盖天宇宙模型，冬至日太阳在牵牛，夏至日太阳在东井，那么两者的连线正好就是黄道圆的直径。现在已知东井和牵牛相距180

① 引自扬雄《法言·重黎》。

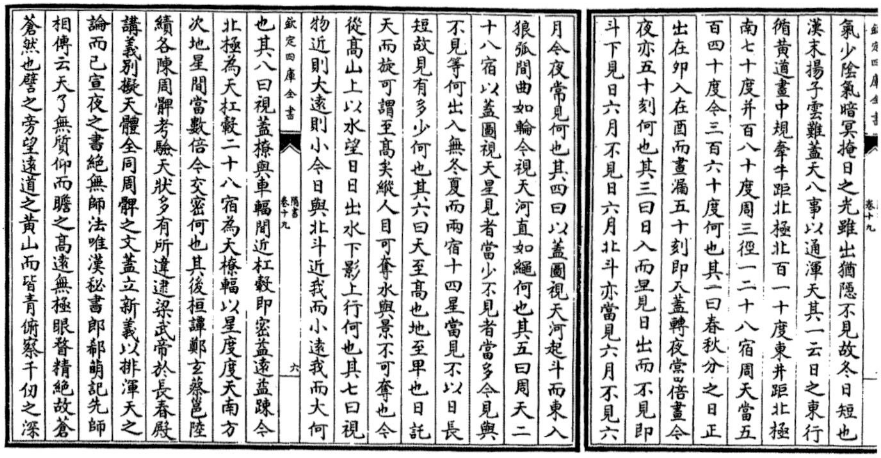

氣少陰氣暗冥掩日之光雖出猶隱不見故冬日短也
漢末揚子雲難蓋天八事以通渾天其一云日之東行
循黃道晝中規牽牛距北極北百一十度東井距北極
南七十度并百八十度周三徑一二十八宿周天當五
百四十度今三百六十度何也其二曰春秋分之日正
出在卯入在酉而晝漏五十刻即天蓋轉夜當倍晝今
夜亦五十刻何也其三曰日入而星見日出而不見即
斗下見日六月不見日六月北斗亦當見六月不見六
月今夜常見何也其四曰以蓋圖視天河起斗而東入
狼弧間曲如輪今視天河直如繩何也其五曰周天二
十八宿以蓋圖視天星見者當少不見者當多今見與
不見等何出入無冬夏而兩宿十四星當見不以日長
短故見有多少何也其六曰天至高也地至卑也日託
天而旋可謂至高矣縱人目可奪水與景不可奪也今
從高山上以水望日日出水下影上行何也其七曰視
物近則大遠則小今日與北斗近我而小遠我而大何

也其八曰視蓋橑與車輻間近杠轂即密益遠益踈今
北極為天杠轂二十八宿為天橑輻以星度度天南方
次地星間當數倍今交密何也其後桓譚鄭玄蔡邕陸
績各陳周髀考驗天狀多有所違逮梁武帝於長春殿
講義別擬天體全同周髀之文蓋立新義以排渾天之
論而已宣夜之書絕無師法唯漢秘書郎郗萌記先師
相傳云天了無質仰而瞻之高遠無極眼瞀精絕故蒼
蒼然也譬之旁望遠道之黃山而皆青俯察千仞之深

图 41 《隋书·天文志上》的《难盖天八事》

度[1]，按照“周三径一”的比率（即 π=3），黄道一圈（二十八宿周天）的长度应当是 540 度，而《周髀》中明确写有“以三百六十五度四分度之一而各置二十八宿”。《周髀》盖天宇宙模型中的天是和地平行的平面，因此这样的自相矛盾无法避免。而如果像浑天说那样把天看作球形，东井和牵牛的距离实际上相当于一个半圆，这一难也就不成问题了。

第二、五、六难分别说明了盖天理论与实际现象不相符之处。按照盖天说，春秋分时夜晚的长度应当是白天的两倍，但实际上春秋分正是昼夜平分之时，此为第二难；同样按照盖天说的理论，因为人眼视野受限，同一时间同一地点能看到的星星应当比看不到的星星要少，但实际上无论在什么季节我们总是能看到二十八宿中的一半，此为第五难；最为致命的可能是第六难，扬雄发现从高山上远眺地平线附近的水面，能看到太阳从水面下缓缓升起，这与盖天说“天上地下”的宇宙结构完全背道而驰。在扬雄之后浑天说渐成主流，但浑盖之争并未真正落下帷幕，在随后的历史长河中仍有不少学者尝试为盖天说辩护。

① 中国古代的“度”是长度而非角度，详见：关增建《传统365 1/4分度不是角度》，自然辩证法通讯，1989(5)，第5页。

与轰轰烈烈的“浑盖之争”相比，同为汉代三种主流宇宙论之一的“宣夜说”似乎显得没有多少存在感，提出“论天三家”说法的蔡邕也坦言“宣夜之学，绝无师法”。如今可见最早关于宣夜说的论述来自东汉时的郗萌，他也是宣夜说的代表人物。

郗萌活跃在东汉早期，与班固、贾逵是同时代的学者。按照郗萌的描述，宣夜说否认天是有界有形之物，我们肉眼所见的天的一些特征其实是人的错觉，天实际上是没有形体、没有质地的虚空，广阔无垠，高远无极。其次，宣夜说指出天上的日月星辰是在虚空中自然生成，它们的运动是“气”的作用。

相比浑天说和盖天说，宣夜说的论述似乎更加接近现代科学对宇宙的理解，但由于古代技术水平有限，郗萌这一套说辞仅停留在思辨层面，宣夜说始终未发展出类似浑天说和盖天说的定量描述天体运动的方法，无法在实际观测中有所应用，其影响力在论天三家中位居末席。

张衡：浑天说的“代言人”

从古代中国天文学的发展来看，两汉时的“论天三家”中，最终是浑天说更胜一筹。在东汉时有一位学者在学术层面正式奠定了浑天说在

图 42　张衡

知识卡片Knowledge card

张衡

张衡（78—139），字平子，南阳西鄂（在今河南南阳）人。张衡青年时期曾前往西京长安和东京洛阳一带游历，寻师访友，参观太学，深入探讨五经六艺。33 岁时，张衡被征召进京，拜为郎中，后历任尚书郎、太史令、侍中、河间相等职，其中任太史令共计 14 年之久。张衡在天文学、地震学、机械技术乃至文学等领域都有独到的成就。

图43　张衡曾经的工作单位——东汉灵台(遗址)

古代中国宇宙论的主导地位，这位学者的名字叫张衡。

浑天说在历史上有两份纲领性文献——《灵宪》与《浑天仪注》。它们之于浑天说就如同《周髀》之于盖天说。这两份文献长期以来都被认为出自张衡之手。《灵宪》与《浑天仪注》的原作均已散佚，较完整的引文可在《后汉书·天文志》《后汉书·律历志》《开元占经》等古籍中寻得。

从两份文献中我们可以整理出一个较为系统的浑天说宇宙模型。首先，关于“浑天”之名的由来，《浑天仪注》中有一段文字：“天转如车毂之运，周旋无端，其形浑浑，故曰浑天也。”浑天说认为天的形状是圆球状：“天体于阳，故圆以动”（《灵宪》），“天体圆如弹丸”（《浑天仪注》）。在中国古代天文学中，“天体”一词指代的是天空，古人将天看作是有形质的实体，这与现代语境下的“天体”一词截然不同（徐振韬，2009：241）。

浑天说中天与地的位置关系是天大地小，天包地外：“天成于外，地定于内。（《灵宪》）”《浑天仪注》中，浑天说中的天地结构被比作鸡

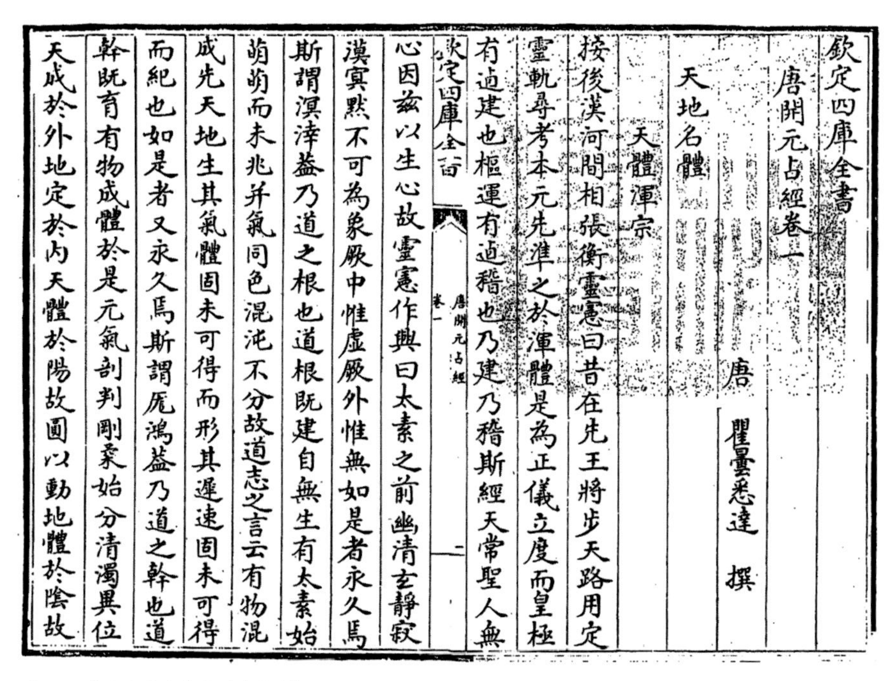

欽定四庫全書

唐開元占經卷一

唐　瞿曇悉達　撰

天地名體

天體渾宗

接後漢河間相張衡靈憲曰昔在先王將步天路用定靈軌尋考本元先準之於渾體是為正儀立度而皇極有逌建也樞運有逌稽也乃建乃稽斯經天常聖人無

欽定四庫全書　唐開元占經　卷一　二

心因茲以生心故靈憲作興曰太素之前幽清玄靜寂漠冥默不可為象厥中惟虛厥外惟無如是者永久焉斯謂溟涬蓋乃道之根也道根既建自無生有太素始萌萌而未兆并氣同色混沌不分故道志之言云有物混成先天地生其氣體固未可得而形其遲速固未可得而紀也如是者又永久焉斯謂厖鴻蓋乃道之幹也道幹既育有物成體於是元氣剖判剛柔始分清濁異位天成於外地定於內天體於陽故圓以動地體於陰故

图 44 《开元占经》中的《灵宪》

蛋壳与蛋黄的关系：“浑天如鸡子……地如鸡子中黄，孤居于内。天大而地小……天之包地，犹壳之裹黄。”

关于浑天说中地面的形状，《灵宪》中写道：“地体于阴，故平以静……八极地维径二亿三万二千三百里，南北则短减千里，东西则广增千里，自地至天半于八极，则地之深亦如之。”总体而言，浑天说当中的大地是一个巨大的半椭球，占据了天空之内一半的空间。椭球的具体尺寸是“移千里而差一寸得之”。这里浑天说明显借用了盖天说当中“勾之损益寸千里”的假设（江晓原，汪小虎，2020：216）。人们居住在半椭球的截面上，这个截面同时还将整个天空一分为二：“周天三百六十五度四分度之一，又中分之，则一百八十二度八分度之五覆地上，一百八十二度八分之五绕地下，故二十八宿半见半隐。（《浑天仪注》）”

联系上下文可以发现，《浑天仪注》中虽然写到“地如鸡子中黄”，但张衡并不认为大地的形状是球形，此处的鸡蛋比喻主要是为了说明天地位

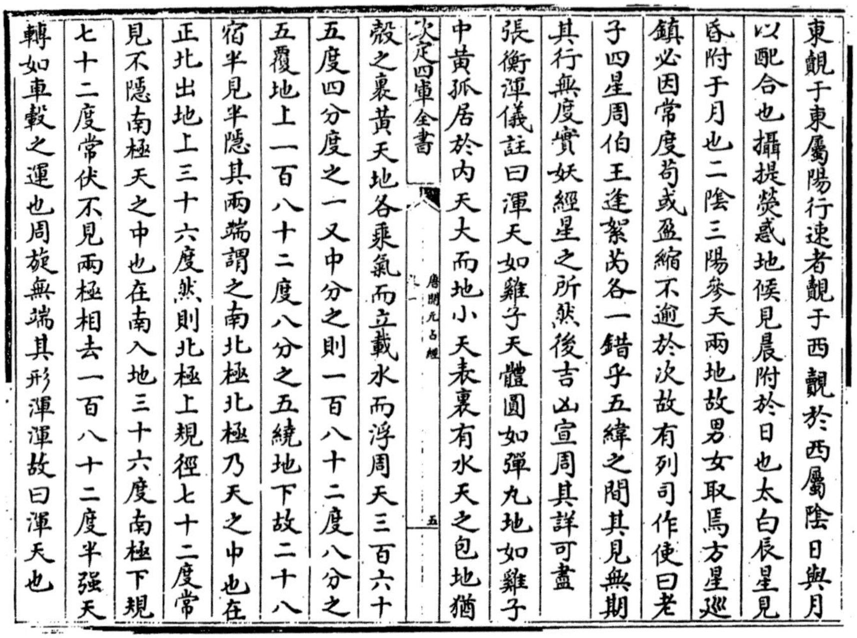

東覩于東屬陽行速者覩于西覩於西屬陰日與月
以配合也攝提熒惑地候見晨附於日也太白長星見
昏附于月也二陰三陽參天兩地故男女取馬方星巡
鎮必因常度苟或盈縮不逾於次故有列司作使曰老
子四星周伯王蓬絮芮各一錯乎五緯之間其見無期
其行無度實妖經星之所然後吉凶宣周其詳可盡
張衡渾儀註曰渾天如雞子天體圓如彈丸地如雞子
中黃孤居於內天大而地小天表裏有水天之包地猶

殼之裹黃天地各乘氣而立載水而浮周天三百六十
五度四分度之一又中分之則一百八十二度八分之
五覆地上一百八十二度八分之五繞地下故二十八
宿半見半隱其兩端謂之南北極北極乃天之中也在
正北出地上三十六度然則北極上規徑七十二度常
見不隱南極天之中也在南入地三十六度南極下規
七十二度常伏不見兩極相去一百八十二度半強天
轉如車轂之運也周旋無端其形渾渾故曰渾天也

图45 《开元占经》中的《浑天仪注》

置关系。从《灵宪》中给出的数据可知，此时的浑天说认为天和地的大小相近，若浑天说认为大地的形状是球形，那么“孤居于内”的球形大地就没办法将天空中的二十八宿以及周天度数平分，只有平面大地才能做到这一点。

浑天说同时认为大地浮在水面上。《灵宪》中有“地以阴浮”，《浑天仪注》中有“天地各乘气而立，载水而浮”。《灵宪》还指出水是星光之所以闪耀的重要一环：“众星被耀，因水转光。”

为了更好地阐释浑天理论的结构，张衡制作了一个被后世称为“漏水转浑天仪”的仪器。《晋书·天文志》有“张平子既作铜浑天仪，于密室中以漏水转之”。目前最新的研究认为张衡制作的浑天仪可以兼具演示与测候用途（张楠，2018），制作精度较低的可用作展示用途，而制作精密的一架仪器则可以用于辅助观测。

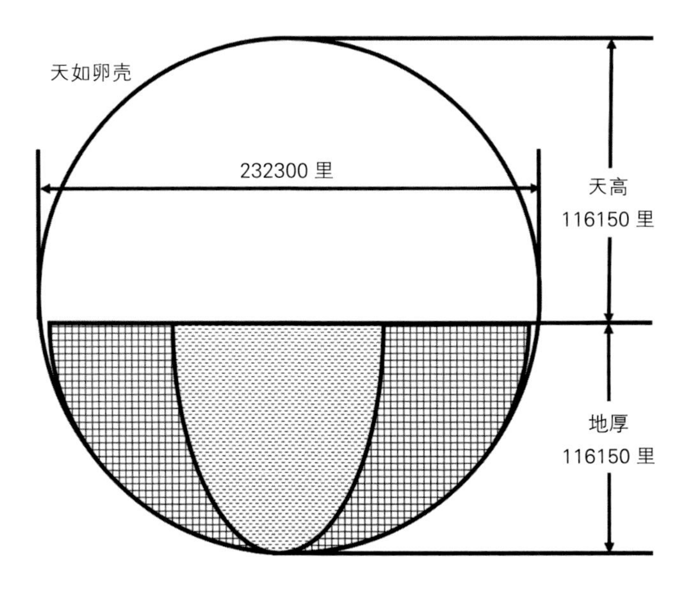

图 46　按照《灵宪》还原的浑天说宇宙模型

知识卡片Knowledge card

蓂荚

“蓂荚”是在神话中出现的一种植物，据说生长在帝尧的居室外。这种植物的生长趋势与月相变化挂钩：从新月出现开始每天长 1 个荚，到满月时会长出 15 个荚，而满月过后每隔一天掉 1 个荚，周而复始。观察荚的数量就可以得知现在是一个月当中的哪一天，以及当天的月相。

张衡的浑天仪中有一个特别的可用于展示月相变化的机械装置：“又转瑞轮蓂荚于阶下，随月虚盈，依历开落。（《晋书·天文志》）”此处的“瑞轮蓂荚”实际上相当于现代机械钟表的日期显示功能。中国科学技术大学的李志超与陈宇曾根据古籍当中对张衡浑天仪的记载将其复原（李志超，陈宇，1993：120—127），两位学者考虑张衡采用了类似“浮子—平衡重锤—绳索”的系统驱动浑天仪运作。

张衡是令浑天说理论走向成熟的重要人物。他与古希腊天文学代表人物之一的托勒密生活在同一年代，不得不说也是一个奇妙的巧合。邓可卉曾对比两人在天文学上的工作（邓可卉，2011：17），认为张衡在一

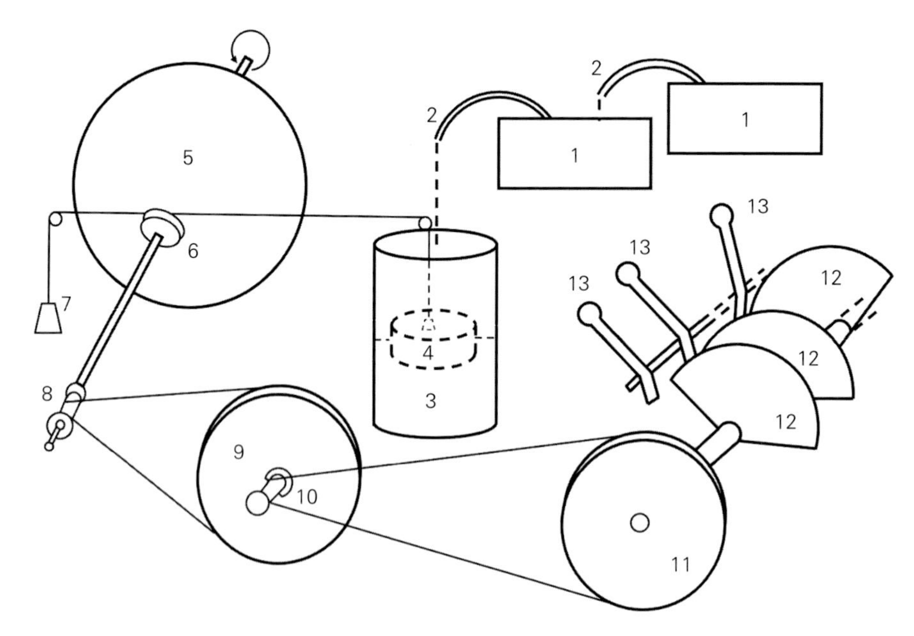

图 47　张衡"漏水转浑天仪"复原图：1. 漏壶；2. 虹吸管；3. 承水筒；4. 浮子；5. 浑象球；6. 驱动轮；7. 重锤；8. 小传动轮；9. 大传动轮；10. 减速小轮；11. 蓂荚轮；12. 凸轮；13. 蓂荚叶

图 48　现代机械钟表的日期显示功能

些天文学思想上相比托勒密更加进步，可以说代表了当时世界天文学的最高水平；而托勒密在《至大论》当中展现的严密、完整而系统的天文学体系则为后世天文学的发展提出了一个很高的标准。

附 录

附录一　二十八宿与现代星座对照表

二十八宿	对应现代星座天区
角	室女座
亢	
氐	天秤座
房	天蝎座
心	
尾	
箕	人马座
斗	
牛	摩羯座
女	宝瓶座
虚	宝瓶座、小马座
危	宝瓶座、飞马座
室	飞马座
壁	

二十八宿	对应现代星座天区
奎	仙女座、双鱼座
娄	白羊座
胃	
昴	金牛座
毕	
觜	猎户座
参	
井	双子座
鬼	巨蟹座
柳	长蛇座
星	
张	
翼	巨爵座、长蛇座
轸	乌鸦座

附录二　十二次、二十四节气、黄道十二宫与黄道坐标对照表

十二次	二十四节气	黄道十二宫	黄经
星纪	大雪	人马宫	255°
	冬至	摩羯宫	270°
玄枵	小寒		285°
	大寒	宝瓶宫	300°
娵訾	立春		315°
	雨水	双鱼宫	330°
降娄	惊蛰		345°

续表

<table>
<tr><th>十二次</th><th>二十四节气</th><th>黄道十二宫</th><th>黄经</th></tr>
<tr><td>降娄</td><td>春分</td><td rowspan="2">白羊宫</td><td>0°</td></tr>
<tr><td rowspan="2">大梁</td><td>清明</td><td>15°</td></tr>
<tr><td>谷雨</td><td rowspan="2">金牛宫</td><td>30°</td></tr>
<tr><td rowspan="2">实沈</td><td>立夏</td><td>45°</td></tr>
<tr><td>小满</td><td rowspan="2">双子宫</td><td>60°</td></tr>
<tr><td rowspan="2">鹑首</td><td>芒种</td><td>75°</td></tr>
<tr><td>夏至</td><td rowspan="2">巨蟹宫</td><td>90°</td></tr>
<tr><td rowspan="2">鹑火</td><td>小暑</td><td>105°</td></tr>
<tr><td>大暑</td><td rowspan="2">狮子宫</td><td>120°</td></tr>
<tr><td rowspan="2">鹑尾</td><td>立秋</td><td>135°</td></tr>
<tr><td>处暑</td><td rowspan="2">室女宫</td><td>150°</td></tr>
<tr><td rowspan="2">寿星</td><td>白露</td><td>165°</td></tr>
<tr><td>秋分</td><td rowspan="2">天秤宫</td><td>180°</td></tr>
<tr><td rowspan="2">大火</td><td>寒露</td><td>195°</td></tr>
<tr><td>霜降</td><td rowspan="2">天蝎宫</td><td>210°</td></tr>
<tr><td rowspan="2">析木</td><td>立冬</td><td>225°</td></tr>
<tr><td>小雪</td><td>人马宫</td><td>240°</td></tr>
</table>

附录三　全天21颗亮星列表

名称	拜尔星名	视星等	所属星座	距离(光年)
天狼	α CMa	−1.44	大犬座	8.709 ± 0.005
老人	α Car	−0.62	船底座	310 ± 20
南门二	α Cen	−0.28	半人马座	4.365 ±0.007
大角	α Boo	−0.05	牧夫座	36.7 ± 0.2
织女一	α Lyr	0.03	天琴座	25.04 ± 0.07
五车二	α Aur	0.08	御夫座	42.919 ± 0.049
参宿七	β Ori	0.18	猎户座	863

续表

名称	拜尔星名	视星等	所属星座	距离（光年）
南河三	α CMi	0.40	小犬座	11.46 ± 0.05
参宿四	α Ori	0.42	猎户座	643 ± 146
水委一	α Eri	0.45	波江座	139 ± 3
马腹一	β Cen	0.61	半人马座	390 ± 20
河鼓二	α Aql	0.76	天鹰座	16.73 ± 0.05
十字架二	α Cru	0.77	南十字座	320 ± 20
毕宿五	α Tau	0.87	金牛座	65.3 ± 1.0
角宿一	α Vir	0.98	室女座	250 ± 10
心宿二	α Sco	1.05	天蝎座	550
北河三	β Gem	1.16	双子座	33.78 ± 0.09
北落师门	α PsA	1.16	南鱼座	25.13 ± 0.09
天津四	α Cyg	1.25	天鹅座	2615±215
十字架三	β Cru	1.25	南十字座	280 ± 20
轩辕十四	α Leo	1.36	狮子座	79.3 ± 0.7

附录四　托勒密在《至大论》中列出的48星座

中文名	英文名	英文缩写
仙女座	Andromeda	And
宝瓶座	Aquarius	Aqr
天鹰座	Aquila	Aql
天坛座	Ara	Ara
南船座	Argo Navis	Arg
白羊座	Aries	Ari
御夫座	Auriga	Aur
牧夫座	Boötes	Boo
巨蟹座	Cancer	Cnc
大犬座	Canis Major	CMa

中文名	英文名	英文缩写
小犬座	Canis Minor	CMi
摩羯座	Capricornus	Cap
仙后座	Cassiopeia	Cas
半人马座	Centaurus	Cen
仙王座	Cepheus	Cep
鲸鱼座	Cetus	Cet
南冕座	Corona Australis	CrA
北冕座	Corona Borealis	CrB
乌鸦座	Corvus	Crv
巨爵座	Crater	Crt

续表

中文名	英文名	英文缩写
天鹅座	Cygnus	Cyg
海豚座	Delphinus	Del
天龙座	Draco	Dra
小马座	Equuleus	Equ
波江座	Eridanus	Eri
双子座	Gemini	Gem
武仙座	Hercules	Her
长蛇座	Hydra	Hya
狮子座	Leo	Leo
天兔座	Lepus	Lep
天秤座	Libra	Lib
天狼座	Lupus	Lup
天琴座	Lyra	Lyr
蛇夫座	Ophiuchus	Oph

中文名	英文名	英文缩写
猎户座	Orion	Ori
飞马座	Pegasus	Peg
英仙座	Perseus	Per
双鱼座	Pisces	Psc
南鱼座	Piscis Austrinus	PsA
天箭座	Sagitta	Sge
人马座	Sagittarius	Sgr
天蝎座	Scorpius	Sco
巨蛇座	Serpens	Ser
金牛座	Taurus	Tau
三角座	Triangulum	Tri
大熊座	Ursa Major	UMa
小熊座	Ursa Minor	UMi
室女座	Virgo	Vir

附录五　托勒密在《至大论》中给出各天体的轨道大小[①]（以地球半径为1）

天体	本轮半径 r	均轮半径 R	偏心距 e[②]
月球	5.17	48.87	10.13
水星	22.5	60	3
金星	43.17	60	1.25
太阳	—	1210	50.42
火星	39.5	60	6
木星	11.5	60	2.75
土星	6.5	60	3.42

① 托勒密在《至大论》中计算了月球和太阳的与地球的绝对距离，其余天体按均轮半径=60个地球半径给出了各自的本轮与偏心距相对均轮的大小

② 此处的偏心距指地球与各天体均轮中心的距离

附录六 《史记·天官书》中的星官[1]

<table>
<tr><th>五宫</th><th colspan="2">星官</th></tr>
<tr><td rowspan="22">中宫天极星</td><td>太一</td><td rowspan="5">皆曰紫宫</td></tr>
<tr><td>三公</td></tr>
<tr><td>正妃</td></tr>
<tr><td>后宫</td></tr>
<tr><td>藩臣</td></tr>
<tr><td colspan="2">天一（阴德）</td></tr>
<tr><td colspan="2">天枪</td></tr>
<tr><td colspan="2">天棓</td></tr>
<tr><td colspan="2">阁道</td></tr>
<tr><td colspan="2">北斗</td></tr>
<tr><td rowspan="6">文昌宫</td><td>上将</td></tr>
<tr><td>次将</td></tr>
<tr><td>贵相</td></tr>
<tr><td>司命</td></tr>
<tr><td>司中</td></tr>
<tr><td>司禄</td></tr>
<tr><td colspan="2">贵人之牢</td></tr>
<tr><td colspan="2">三能（三台）</td></tr>
<tr><td colspan="2">辅</td></tr>
<tr><td colspan="2">招摇</td></tr>
<tr><td colspan="2">天锋（梗河）</td></tr>
<tr><td colspan="2">贱人之牢（贯索）</td></tr>
<tr><td rowspan="5">东宫苍龙</td><td rowspan="2">心</td><td>天王</td></tr>
<tr><td>子</td></tr>
<tr><td colspan="2">房（天驷）</td></tr>
<tr><td colspan="2">衿</td></tr>
<tr><td colspan="2">牽</td></tr>
</table>

<table>
<tr><th>五宫</th><th colspan="3">星官</th></tr>
<tr><td rowspan="13">东宫苍龙</td><td colspan="3">旗</td></tr>
<tr><td colspan="3">天市</td></tr>
<tr><td colspan="3">市楼</td></tr>
<tr><td colspan="3">骑官</td></tr>
<tr><td rowspan="2">角</td><td colspan="2">李</td></tr>
<tr><td colspan="2">将</td></tr>
<tr><td colspan="3">大角</td></tr>
<tr><td colspan="3">摄提</td></tr>
<tr><td colspan="3">亢</td></tr>
<tr><td colspan="3">南门</td></tr>
<tr><td colspan="3">氐</td></tr>
<tr><td colspan="3">尾</td></tr>
<tr><td colspan="3">箕</td></tr>
<tr><td rowspan="14">南宫朱鸟</td><td rowspan="3">藩臣</td><td>将</td><td rowspan="10">衡，太微，三光之廷</td></tr>
<tr><td>相</td></tr>
<tr><td>执法</td></tr>
<tr><td colspan="2">端门</td></tr>
<tr><td colspan="2">掖门</td></tr>
<tr><td colspan="2">诸侯</td></tr>
<tr><td colspan="2">五帝座</td></tr>
<tr><td colspan="2">郎位</td></tr>
<tr><td colspan="2">将位</td></tr>
<tr><td colspan="2">少微</td></tr>
<tr><td rowspan="2">轩辕</td><td>女主</td><td rowspan="2">权，轩辕</td></tr>
<tr><td>御者后宫</td></tr>
<tr><td colspan="3">东井</td></tr>
<tr><td colspan="3">钺</td></tr>
</table>

续表

五宫	星官	
南宫朱鸟	北河	
	南河	
	天阙	
	关梁	
	舆鬼	
	质	
	柳	
	七星	
	张	
	翼	
	轸	
	长沙	
	天库楼	
	五车	
西宫咸池	五潢	
	奎	
	娄	
	胃	
	廥积	
	昴	
	毕	
	附耳	
	天街	
	参	衡石
		罚
		左右肩股
		觜觿
	天厕	

五宫	星官
西宫咸池	天矢
	天旗
	天苑
	九游
	狼
	弧
	南极老人
北宫玄武	危
	虚
	羽林天军
	垒(钺)
	北落
	司空
	营室
	离宫
	天驷
	王良
	天潢
	江
	杵臼
	匏瓜
	南斗
	建
	牵牛
	河鼓
	婺女
	织女

① 根据《历代天文律历等志汇编》中的《史记·天官书》整理

后 记

“一口天文”这个主书名，来自于某日三位主笔聚餐讨论书本大纲时的灵光一闪。席间，唐弘铭正准备一口吃下汤圆，张钰昆看着这一幕若有所思，随后突然道：“不如我们的标题就起名叫《一口天文》，如何？”

于是，事情就这么定了。

我们希望读者能够以一种轻松的心态阅读本书：每看一页，就能收获一点新知识，就像在吃一碗热气腾腾的汤圆，一口一口，慢慢吃下。

现在您手捧的这本《一口天文：人类观星简史》正是我们精心制作的第一碗“汤圆”，当中包含了史前天文学与古代天文学两种“口味”，涵盖了从史前到公元 2 世纪前后的天文学历史。区分这两个时期的主要标志是文字的出现，一般把文字出现以前的天文学称为史前天文学，文字出现后为古代天文学。

在史前天文学时期，虽然我们找不到文字证据，但可以通过一些史前遗迹判断这一时期人们的天文学水平。本书介绍了五处史前天文学遗存（见本书第一章），距今 4000~2 万年不等。当中有先民对史前星空的刻画，也有与天文相关的建筑与墓葬，反映出在这一时期人类已经具备了一定的天文知识，可以辨别天体出没方位，对于夜空中的群星也有了自己的理解。

随着文字出现，人类迈进古代天文学时期，也加快了认识宇宙的步伐。针对这一阶段的早期，本书选取古代埃及、古代美索不达米亚与古代中国的天文探索之路作为重点关注对象（见本书第二章）。三个古文明关注的天文学主题是类似的，可大致分为三部分：星象、历法、星占。对于古代天文学的中晚期，本书重点介绍了古希腊天文学（见本书第三章）和古代中国天文学（见本书第四章）在这一时期的发展沿革。两者分别是东西方天文学传统的代表，其中古希腊天文学的一大特点是从理性出发构建了一幅影响深远的宇宙图景；而古代中国天文学也有着别具一格的范式，不仅有官方背书的天象记录，历法也是包罗万象。我们把公元 2 世纪定为古代天文学与下一阶段天文学的分界线，此时东西方天文学传统已基本定型。

在史前天文学与古代天文学这两个时期之后，尚有四个历史阶段：中世纪天文学、天文学革命、近代天文学以及现代天文学。推出讲述这四个历史阶段的图书，是我们未来的计划，敬请期待。

本书的写成，非一日一时之功，算是一件辛苦事。在此，本书作者要感谢西交利物浦大学理学院物理系主任柯文采教授拨冗为本书作推荐序，感谢东华大学人文学院邓可卉教授基于专业视角为本书提供了宝贵的修改意见，感谢本书责任编辑的耐心与包容，感谢刘恩宇对本书部分配图的制作与整理工作，也感谢手捧这本书的您，希望能于不久的将来再次相会。

温涛　张钰昆　唐弘铭

2022 年夏，于羊城

参考文献

✩ 中文参考文献

[1]薄树人. 薄树人文集[M]. 合肥：中国科学技术大学出版社, 2003.

[2]北京天文台. 中国古代天象记录总集[M]. 南京：江苏科学技术出版社, 1988.

[3]常玉芝. 殷商历法研究[M]. 长春：吉林文史出版社, 1998.

[4]陈久金.《浑天仪注》非张衡所作考[J]. 社会科学战线, 1981(3):8.

[5]陈久金. 中国古代天文学家[M]. 北京：中国科学技术出版社, 2008.

[6]陈美东. 张衡《浑天仪注》新探[J]. 社会科学战线, 1984(3):3.

[7]陈美东. 中国古代天文学思想[M]. 北京：中国科学技术出版社, 2008.

[8]陈晓中, 张淑莉. 中国古代天文机构与天文教育[M]. 北京：中国科学技术出版社, 2013.

[9]陈遵妫. 中国天文学史[M]. 上海：上海人民出版社, 1984.

[10]戴维·林德伯格. 西方科学的起源[M]. 王珺, 周文峰, 刘晓峰, 王细荣译. 北京：中国对外翻译有限公司, 2001.

[11]邓可卉, 李迪. 对圭表起源的一些看法[J]. 科学技术与辩证法, 1999(5):48-51.

[12]邓可卉. 希腊数理天文学溯源：托勒玫《至大论》比较研究[M]. 济南：山东教育出版社, 2009.

[13]邓可卉. 比较视野下的中国天文学史[M]. 上海：上海人民出版社, 2011.

[14]邓可卉, 王加昊. 论古希腊拯救现象的思想源流——以《至大论》为中心[J]. 广西民族大学学报：自然科学版, 2020, 26(1):5.

[15]冯时. 百年来甲骨文天文历法研究[M]. 北京：中国社会科学出版社, 2011.

[16]关增建. 传统 365 1/4 分度不是角度[J]. 自然辩证法通讯, 1989(5):5.

[17]赫西俄德. 工作与时日[M]. 张竹明, 蒋平译. 北京：商务印书馆, 2009.

[18]江晓原. 世界历史上的星占学[M]. 上海：上海交通大学出版社, 2014.

[19]江晓原.《周髀算经》新论·译注[M]. 上海：上海交通大学出版社, 2015.
[20]江晓原. 中国科学技术通史（五卷本）[M]. 上海：上海交通大学出版社, 2015.
[21]江晓原. 天学真原[M]. 上海：上海交通大学出版社, 2018.
[22]江晓原, 汪小虎. 中国天学思想史[M]. 南京：南京大学出版社, 2020.
[23]莱奥弗兰克·霍尔福德-斯特雷文斯. 时间简史[M]. 萧耐园译. 北京：外语教学与研究出版社, 2015.
[24]劳埃德. 早期希腊科学：从泰勒斯到亚里士多德[M]. 孙小淳译. 上海：上海科技教育出版社, 2004.
[25]李勇. 世界最早的天文观象台——陶寺观象台及其可能的观测年代[J]. 自然科学史研究, 2010,29(003):259-270.
[26]李志超, 陈宇. 关于张衡水运浑象的考证和复原[J]. 自然科学史研究, 1993, 012(002):120-127.
[27]刘次沅, 马莉萍. 中国古代天象记录：文献、统计与校勘[M]. 西安：三秦出版社, 2021.
[28]刘次沅, 周晓陆. 诗经日食及其天文环境[J]. 陕西天文台台刊, 2002, 25(1):7.
[29]陆思贤，李迪. 天文考古通论（中国考古文物通论）[M]. 北京：紫禁城出版社, 2005.
[30]米歇尔·霍斯金. 剑桥插图天文学史[M]. 江晓原，关增建，钮卫星译. 济南：山东画报出版社, 2003.
[31]钮卫星. 天文学史：一部人类认识宇宙和自身的历史[M]. 上海：上海交通大学出版社, 2011.
[32]潘鼐. 中国恒星观测史[M]. 上海：学林出版社, 2009.
[33]瞿昙悉达. 开元占经（上下）[M]. 北京：中央编译出版社, 2006.
[34]石云里, 方林, 韩朝. 西汉夏侯灶墓出土天文仪器新探[J]. 自然科学史研究, 2012.
[35]托马斯·库恩. 哥白尼革命[M]. 吴国盛，张东林，李立译. 北京：北京大学出版社, 2003.
[36]温涛. 先秦两汉时期浑天说源流及相关天文观测研究[D]. 东华大学, 2017.
[37]吴国盛. Equant译名刍议[J]. 自然辩证法通讯, 2007, 29(1):4.
[38]武家璧, 陈美东, 刘次沅. 陶寺观象台遗址的天文功能与年代[J]. 中国科学：

G辑, 2008, 38(9):8.
[39]希罗多德. 希罗多德历史[M]. 王以铸译. 商务印书馆, 2005.
[40]席泽宗. 马王堆汉墓帛书中的彗星图[J]. 文物, 1978(2):5.
[41]席泽宗. 伽利略前二千年甘德对木卫的发现[J]. 天体物理学报, 1981, 1(2): 3—6.
[42]夏商周断代工程专家组. 夏商周断代工程1996—2000年阶段成果报告:简本[M]. 世界图书出版公司北京公司, 2000.
[43]徐振韬. 中国古代天文学词典[M]. 中国科学技术出版社, 2009.
[44]亚里士多德. 形而上学[M]. 苗力田译. 中国人民大学出版社, 2003.
[45]约翰·斯蒂尔. 中东天文学简史[M]. 关瑜桢译. 上海交通大学出版社, 2014.
[46]张楠. 中国天文演示仪器:类型、功能及嬗变[D]. 上海交通大学,2018.
[47]张培瑜, 陈美东, 薄树人, 胡铁珠. 中国古代历法[M]. 中国科学技术出版社, 2013.
[48]张培瑜. 中国古代历法[M]. 中国科学技术出版社, 2008.
[49]赵继宁.《史记·天官书》考释[D]. 武汉大学.
[50]《中国天文学史文集》编辑组. 中国天文学史文集[C]. 第一集. 科学出版社, 1978.
[51]《中国天文学史文集》编辑组. 中国天文学史文集[C]. 第四集. 科学出版社, 1985.
[52]中华书局编辑部. 历代天文律历等志汇编[M]. 中华书局, 1975.
[53]庄威凤. 中国古代天象记录的研究与应用[M]. 中国科学技术出版社, 2013.

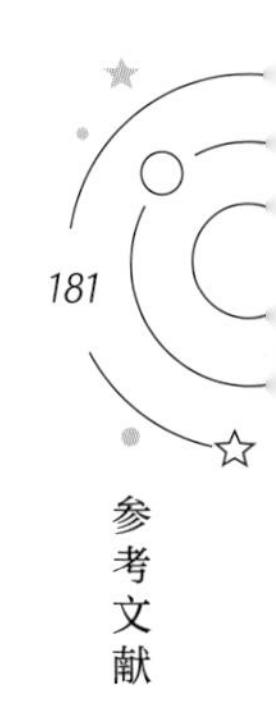

英文参考文献

[1]Bauval R, Gilbert A D. *The Orion Mystery*[M]. Crown, 1994.
[2]Durruty Jesús de Alba Martínez. *Biographical Encyclopedia of Astronomers*[M]. Springer, 2014.
[3]Evans J. *The History and Practice of Ancient Astronomy*[M]. Oxford University Press, 1998.

[4]Gillispie C C, Holmes F L. *Dictionary of scientific biography*[M]. Scribner, 1981.

[5]Goldstein B R, Bowen A C. *A New View of Early Greek Astronomy*[J]. Isis, 1983, 74(3):330-340.

[6]Goldstein B R. *Saving the Phenomena: The Background to Ptolemy's Planetary Theory*[J]. Journal for the History of Astronomy, 1997, 28(1):1-12.

[7]Hannah R. *Greek and Roman Calendars*[M]. Bristol Classical Press, 2006.

[8]Heat T L. *Greek astronomy*[M]. Courier Corporation, 1991.

[9]Magli G. *Architecture, Astronomy and Sacred Landscape in Ancient Egypt*[M]. Cambridge University Press, 2013.

[10]Neugebauer O. *The exact sciences in antiquity*[M]. Dover Publications, 1969.

[11]Querejeta M. *On the Eclipse of Thales, Cycles and Probabilities*[J]. Culture and Cosmos, 2011, 15(01): 5-16.

[12]Ruggles C L N, ed. *Handbook of archaeoastronomy and ethnoastronomy*[M]. Springer,2015.

[13]Selin H, ed. *Astronomy across cultures: The history of non-Western astronomy*[M]. Springer Science & Business Media, 2012.

[14]Stephenson F R, Fatoohi L J. *Thales's Prediction of a Solar Eclipse*[J]. Journal for the History of Astronomy, 1997, 28(4): 279-282.

[15]Thomas H, Avail N. *Biographical Encyclopedia of Astronomers*[J]. Reference Reviews, 2008, 22(5): 34-36.

[16]Trimble, V. *Astronomical investigations concerning the so called air shafts of Cheops pyramid*[J]. MIOAWB, 1964, 10: 183-187.

[17]Xu J J, Wang Z R, Qu Q Y. *2CG 353+16 and the fourteenth century BC supernova*[J]. Astronomy and Astrophysics, 1992, 256: 483-486.